複合構造レポート 18

根拠に基づく構造性能評価のための点検・解析の技術体系を目指して－点検を目的とした維持管理へ導かれた技術者へのメッセージ－

土木学会

Hybrid Structure Reports 18

Towards the System of Inspection and Analysis

for Evidence-Based Structural Performance Evaluation

－Message to Engineers Directed towards Maintenance

for the Purpose of Inspection－

Japan Society of Civil Engineers

序

　我が国の橋梁などの多くの土木構造物は，供用期間が 50 年を超えつつあり，適切な維持管理のもとに供用を継続することや，構造物や社会状況により更新を進めていくことが求められている．

　社会資本としての機能を維持するためには，合理的な維持管理を行う必要がある．そのためには，構造物の使用や安全の限界を明確にしておく必要がある．

　しかし，現在の維持管理における構造物の性能の評価は，材料の劣化にのみ着目して判断されることが多いのが通例である．この評価法は，評価の結果が構造性能に着目した結果と必ずしも一致するわけではなく，一般には安全側の評価を与えることから，限られた維持管理予算を有効に使用するという観点では，必ずしも合理的とは言えない問題もある．また，場合によっては，構造物の安全に直結する劣化も見逃される場合もあり得るという問題もある．このような問題を解決するため，構造性能に着目した評価をすることが重要なことは言うまでもない．

　そこで，既存構造物の劣化状態が構造性能に及ぼす影響を可能なかぎり定量化することを目的として，本小委員会を設立することとした．定量化の手法は，精緻な手法から簡便な手法までを対象としており，互いに矛盾することない構造性能評価の体系化に資することを目標としている．なお，鋼構造とコンクリート構造の合成構造などからなる構造物などを主たる対象とすることとした．

　2020 年年始から新型コロナウイルス（COVID19）の流行により，まさに検査の重要性を認識しつつも，委員会活動は大きな影響を受けた．そのため，活動期間の延長を複合構造委員会に承諾いただき，その結果，当初の目標をおおむね達成することができた．これには，松本高志（北海道大学）幹事長，内藤英樹（東北大学）幹事，内田慎哉（富山県立大学）幹事のご尽力と委員の皆様の協力によるところが大きく，ここに感謝致します．

2021 年 12 月

土木学会　複合構造委員会

複合構造物の構造検査と性能評価に関する研究小委員会

委員長　渡辺　忠朋

土木学会　複合構造委員会
複合構造物の構造検査と性能評価に関する研究小委員会

委員名簿

委員長	渡辺　忠朋	北武コンサルタント株式会社
幹事長	松本　高志	北海道大学
幹　　事	内田　慎哉	富山県立大学
	猿渡　智治	株式会社JSOL
	全　　邦釘	東京大学
	内藤　英樹	東北大学
	仁平　達也	公益財団法人鉄道総合技術研究所
	溝江　慶久	川田工業株式会社
委　　員	安保　知紀	鉄建建設株式会社
	岩野　聡史	リック株式会社
	上原子晶久	弘前大学
	川越　洋樹	株式会社ジャスト
	京田　英宏	北武コンサルタント株式会社
	斉木　　功	東北大学
	斉藤　成彦	山梨大学
	曽我部直樹	鹿島建設株式会社
	高橋　敏樹	株式会社大林組
	高橋　　実	国立研究開発法人土木研究所
	高橋　良輔	北海学園大学
	多田　健次	株式会社ジャスト
	土屋　智史	株式会社コムスエンジニアリング
	中島　章典	株式会社HRC研究所
	服部　雅史	株式会社高速道路総合技術研究所
	羽矢　　洋	日本交通技術株式会社
	林　　大輔	清水建設株式会社
	平林　雅也	東日本旅客鉄道株式会社
	古内　　仁	北海道大学
	牧　　剛史	埼玉大学
	宮下　　剛	長岡技術科学大学
	宮村　正樹	株式会社福山コンサルタント
	宮森　保紀	北見工業大学
	山下健太郎	株式会社東洋計測リサーチ
	渡邊　学歩	山口大学
	渡辺　　健	公益財団法人鉄道総合技術研究所
旧委員	青木　千里	東日本旅客鉄道株式会社
	網谷　岳夫	東日本旅客鉄道株式会社
	好竹　亮介	鉄建建設株式会社

複合構造レポート 18

根拠に基づく構造性能評価のための
点検・解析の技術体系を目指して
―点検を目的とした維持管理へ導かれた
技術者へのメッセージ―

目　次

第1章　はじめに

1.1　本委員会設置の背景

1.1.1　維持管理の現状と問題認識

　我が国の高度経済成長期に建設された橋梁などの土木構造物は，供用期間が 50 年を超えつつあり，適切な維持管理のもとに供用を継続することや，構造物や社会状況により更新を進めていくことが求められている．

　社会資本としての機能を維持するためには，合理的な維持管理を行う必要がある．そのためには，構造物の使用や安全の性能の限界を明確にし，かつ現状および将来の構造物の性能を把握する必要がある．

　しかし，現在の維持管理における構造物の性能の評価は，主として材料の劣化にのみ着目して判断されることが多いのが通例である．この評価法は，評価の結果が構造性能に着目した結果と必ずしも一致するわけではなく，一般には安全側の評価を与えることから，限られた維持管理予算を有効に使用するという観点では，必ずしも合理的とは言えない問題もある．また，場合によっては，構造物の安全に直結する劣化も見逃される場合もあり得るという問題もある．このような問題を解決するため，構造性能に着目した評価をすることが重要なことは言うまでもない．

　すなわち，既存構造物の劣化状態が構造性能に及ぼす影響を可能なかぎり定量化することが，合理的な維持管理に必要不可欠であり，それが急務であると考える．

1.1.2　点検データの有効利用と性能評価

　構造物の安全性・使用性などを確保するための維持管理においては，構造物の状態を定期的に点検して評価を下し，必要があれば対策を施すという手順を確実かつ効率的に機能させることが重要である．2014 年より道路の橋梁，トンネルなどの定期点検は 5 年に 1 回が基本となり，点検技術は多種多様なものが投入されている．一方で，鉄道においては，古くから構造物の保守が実施されている．このように，我が国の土木構造物の維持管理の歴史は，多種多様でありカオスと言える．ただし，土木構造物の用途・機能を維持するために必要とされる技術（維持管理技術）は，事業体に関わらず同様の技術に帰着すると考えられる．

　しかしながら，一方で，点検データは膨大に得られるが，その全てが性能評価において有効に活用されているとは言い難い現状がある．点検データは構造物の「症状」を示すものから性能評価のモデルの「入力」となるものまで広く，また，用途・機能を満足するために定められる既設構造物の要求性能に対する満足度を，間接的に表すとされるデータが大多数であり，性能の評価の信頼性は，それらを用いて判断する技術力に左右されるのが実態である．今はこれらをまとめて「診断」を行っているのが現状であると考えられる．

1.1.3　論点

　本委員会では，前述の背景を踏まえて，構造物の定量的な性能評価を今後進展させるために，点検データと性能評価の関係について現状を確認し，今後の課題を示し，方向性を提案するものである．

（執筆者：渡辺忠朋）

1.2　構造性能評価の現状・実務

1.2.1　道路

(1) 道路橋ストックの現状

2020 年 3 月末時点で，道路法上の道路における橋長 2.0m 以上の橋，高架の道路など（以下「道路橋」という）は，図 1.2.1 に示すとおり約 72 万橋という膨大な数に達している．このうち，地方公共団体が管理する道路橋は約 66 万橋と，9 割以上を占めている．図 1.2.2 に道路橋の建設年別橋数を示し，図 1.2.3 に建設後 50 年を経過した道路橋数の割合を示す．建設後 50 年を経過した道路橋の割合は，2020 年時点は全体の約 30%であるのに対し，10 年後の 2030 年には約 55%となる見込みである．このうち橋長 15m 未満で，建設後 50 年を経過した道路橋の割合は，10 年後の 2030 年に約 62%となる見込みである．一方，橋長 15m 以上で，建設後 50 年を経過した道路橋の割合は，10 年後に約 44%となる見込みである（図参照）．この他に建設年度

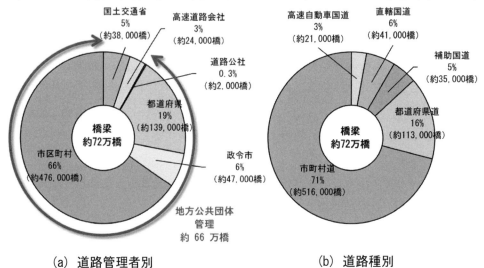

(a) 道路管理者別　　　　　　　　(b) 道路種別

[文献 1) 国土交通省 HP：国土交通省道路局，道路メンテナンス年報，2020 年 9 月]

図 1.2.1　道路橋数（2020 年 3 月末時点）[1]

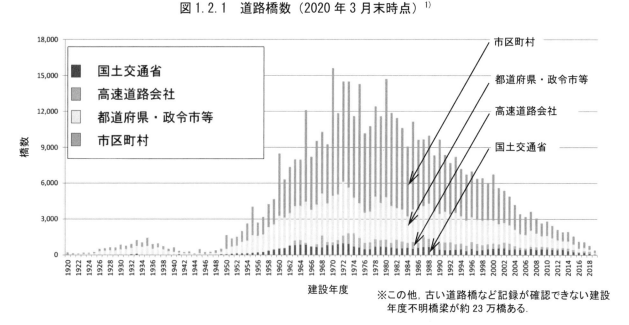

※この他，古い道路橋など記録が確認できない建設年度不明橋梁が約 23 万橋ある．

[文献 1) 国土交通省 HP：国土交通省道路局，道路メンテナンス年報，2020 年 9 月]

図 1.2.2　道路橋の建設年別橋数（2020 年 3 月末時点）[1]

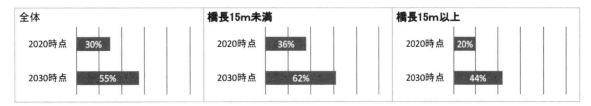

※この他，古い道路橋など記録が確認できない建設年度不明橋梁が約 23 万橋ある．

[文献 1) 国土交通省 HP：国土交通省道路局，道路メンテナンス年報，2020 年 9 月]

図 1.2.3　建設後 50 年を経過した道路橋数の割合（2020 年 3 月末時点）[1]

が不明の道路橋が全国で約 23 万橋あり，これらの大半が市区町村管理の橋長 15m 未満の道路橋である．このように高度成長期以降に整備された道路橋は今後急速に老朽化していくことがわかる．安心して既存の道路橋を利用し続けることができるようにするためには，道路橋の特徴を踏まえた適切な点検による現状把握と，その結果に基づく的確な修繕の実施が不可欠であり，今後も戦略的に適切かつ効率的な維持管理・更新を行っていく必要がある．

（2）道路橋の維持管理に関する法体系

　道路橋の維持管理については，過去より道路法において道路管理者がその責任において一般交通に支障を及ぼすことがないように良好な状態に保つよう努めなければならないことが定められている．

　現在の道路法に基づく道路橋の維持管理に関する法体系は，2014 年（平成 26 年）6 月に道路構造物の維持管理に関連する改正が行われたものが主体となっている（後述する図 1.2.4 参照）．その当時の改正の主な

表 1.2.1　国内外の道路構造物における近年の主な重大事故

年	名称	管理者	概要
2006	デラコンコルド橋	カナダ ケベック州	PCゲルバー桁橋のゲルバー部の破壊による落橋による死傷事故
	山添橋	国内（地方整備局）	大規模な鋼鈑桁の主桁に大規模な亀裂を発見
2007	木曽川大橋	国内（地方整備局）	大規模な鋼トラス橋の斜材のコンクリート埋込部での破断（腐食）
	I-35W橋	アメリカ ミネソタ州	鋼上路トラス橋の落橋（板厚不足のガセットの破壊を起点とした全橋崩壊）による死傷事故
	本荘大橋	国内（地方整備局）	大規模な鋼トラス橋の斜材のコンクリート埋込部での破断（腐食）
2008	君津新橋	国内（市）	コンクリートアーチ橋の吊り材の破断（腐食）
2009	妙高大橋	国内（地方整備局）	大規模なPC箱桁橋のPC鋼材に多数の腐食・破断のあることが判明
	生月大橋	国内（県）	大規模な鋼トラス橋の斜材に大規模な亀裂を発見
2011	雪沢大橋	国内（県）	エクストラドーズド橋のPE被覆斜材の破断（腐食）
2012	原田橋	国内（市）	吊橋の主ケーブルの一部破断（腐食）
	笹子トンネル	国内（道路会社）	天井板の落下（樹脂アンカーによる固定部の損傷）による死傷事故
2014	水鳥橋	国内（町）	PC吊床版橋の橋台の崩壊に伴う落橋
2016	犬吠橋	国内（県）	鋼トラス橋の斜材の4本の破断（腐食）
2020	舞鶴クレインブリッジ	国内（市）	鋼斜張橋の支承の複数のローラの損傷に伴う路面段差による傷害事故
	上関大橋	国内（県）	ドゥルックバンド橋の上部工と橋台の定着部の破損（現在調査中）

ただし，地震・台風・津波・火災や船舶・車両の衝突などによる災害を受けた場合，非供用中の場合，歩道橋を除く

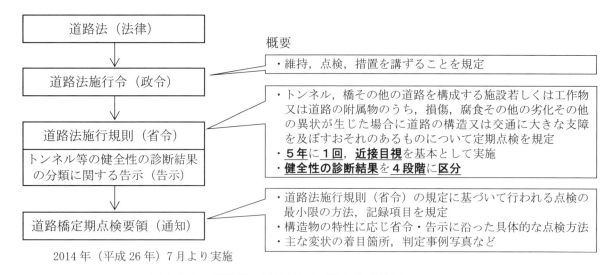

図 1.2.4　道路橋の維持管理に関する法体系

理由は，**表 1.2.1** に示すとおり既設の道路構造物が供用中に致命的な損傷を生じるといった重大な事故の報告が内外でなされる例が近年も相次ぐなど，膨大な道路構造物が今後も確実に高齢化していくことを考えたときに，将来の維持管理負担の増大や適正な保全水準の維持が困難となる危険性についての懸念が指摘される例も見られるようになってきたためである．この改正により道路橋，トンネルなどを含めた道路構造物に対して 5 年に 1 回，近接目視を基本とした定期点検の実施が我が国の法令として初めて定められた．

　道路橋の維持管理に関する法体系を**図 1.2.4** に示す．国では，道路管理者が実施要領を定める参考となるように，政省令に定める定期点検を実施するにあたって通常必要となると考えられる最低限の方法や手順，あるいは一般には少なくとも分類しておいた方が将来の記録として有益となると考えられる部材の区分，損傷の種類，記録項目などを「道路橋定期点検要領　国土交通省道路局（以下「道路橋定期点検要領」という．）[2]」としてとりまとめている．**図 1.2.5** に概要を示す．

■道路法施行規則に基づいて行う定期点検について，道路管理者が遵守すべき事項
　や法令を運用するにあたり最低限配慮すべき事項を記載。

　　1．適用の範囲　　　…橋長 2 m 以上の道路橋
　　2．定期点検の頻度　…5 年に 1 回
　　3．定期点検の体制　…必要な知識及び技能を有する者が行う
　　4．状態の把握　　　…近接目視を基本。法令運用上の留意事項として、同等
　　　　　　　　　　　　　の健全性の診断を行うことができると判断した方法に
　　　　　　　　　　　　　ついても近接目視を基本とする範囲内とする。＊
　　5．健全性の診断　　…橋梁単位でⅠ～Ⅳの判定区分
　　6．記録
　　7．措置　　　　　　　　　　　　　　　　＊ 7)を改変(一部抜粋)して転載

■定期点検では，道路橋毎の健全性の診断を行う。

	区分	定義
Ⅰ	健全	道路橋の機能に支障が生じていない状態。
Ⅱ	予防保全段階	道路橋の機能に支障が生じていないが，予防保全の観点から措置を講ずることが望ましい状態。
Ⅲ	早期措置段階	道路橋の機能に支障が生じる可能性があり，早期に措置を講ずべき状態。
Ⅳ	緊急措置段階	道路橋の機能に支障が生じている，又は生じる可能性が著しく高く，緊急に措置を講ずべき状態。

［文献 2) 国土交通省道路局:道路橋定期点検要領, 2019 年 2 月,
　文献 7) 白戸真大, 市川幸治:道路用定期点検要領の改定と合理化の取組み, 積算資料 公表価格版, pp.38-42, 2020 年 1 月］

図 1.2.5　「道路橋定期点検要領　国土交通省道路局[2]」の概要

（3）道路橋の維持管理

　道路橋を適切に維持管理するためには，定期的に行われる点検以外にも，高頻度で行われる日常的な巡回などによって突発的事象の早期発見に努めたり，点検結果を踏まえて適切な措置に繋げるために，様々な調査が行われるなど定期点検以外の様々な維持管理行為が組み合わされて実施される場合がある．

　ここでは，道路橋の維持管理のために一般的に行われている様々な点検・調査のうち，国管理の道路橋に対して行われている点検・調査[3]を例に概説する．なお，ここで示した内容は参考文献4)を参考に，その一部を再構成したものである．

　1）点検

　点検は道路橋の損傷・機能・性能などの状態を把握し，必要な措置を行うために必要な情報を得るなどの目的で行われる．道路橋は，一旦供用すると絶え間なく様々な作用を受けながら長期間使用されることがほとんどであるため，損傷・機能・性能などの状態は絶えず変化しつづける．したがって，供用安全性の確保のために，供用期間を通じて適切なタイミングでかつ様々な手段により損傷・機能・性能などの状態の確認が行われる．

　道路橋の供用安全性を合理的に確保するためには，徐々に進行する経年的な劣化以外にも，事故や災害などによる突発的な状態の変化や障害の発生，特殊な調査や高度な専門性をもった技術者による評価が不可欠な損傷や劣化の発生など様々な事象に対して，二次災害の防止や予防保全の実現などの目的に応じて，適当なタイミングで道路橋の損傷・機能・性能などの状態を把握することが不可欠である．そのため国では，これまで国管理の道路橋に対して，通常点検・定期点検・中間点検・特定点検・異常時点検による5種類の点検を組み合わせて実施する点検体系を採用してきている（**図1.2.6**参照）．

　ここで示した内容は，あくまで国管理の道路橋に対して全国の地方整備局において行われてきた点検を主として記載したものであり，必ずしもこれと同じことを行うことが他の道路管理者にも義務付けられている訳ではない．法令に基づき定められた事項以外の維持管理行為の内容や方法については，合理的な維持管理が行えるよう道路管理者毎に設定する必要がある．

　なお，ここに挙げる以外に，事故や災害や不具合の発生を受けて，緊急調査などが全国規模で統一的に行われる場合もあるが，これらは特定の事象に対する特別な対応であり普遍的な点検体系とは別として考えるべきものである．また，例えばコンクリート片の剥落などによる第三者被害の可能性のある部位のみに特化

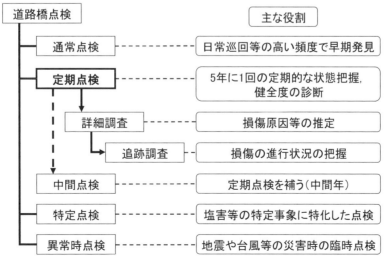

図1.2.6　道路橋の標準的な点検の体系（国管理の道路橋の場合）

して，頻度および方法を定めて予防保全の観点から計画的かつ定期的に点検を実施する場合があるなど，適切な維持管理のためには，ここに挙げるもの以外にも道路管理者毎にそれぞれが有する道路橋の損傷・機能・性能などの状態に応じて様々な体系や種類の点検が実施されることが必要である．ここに紹介した点検だけを行えばよいというものではないことにも注意が必要である．

　a）通常点検
　・通常点検は，突発的に生じる不具合や損傷を早期に発見するために，高い頻度で行われる点検である．日常巡回やパトロールと併せて行ったり，巡回やパトロールそのものがこれを兼ねるものと位置付けられる場合もある．
　・点検頻度は，交通量や沿道環境，道路橋や附属物などの状況などによっても異なるため，道路管理者のみならず路線によっても異なることが多い．
　・点検方法は，道路パトロールカー内からの目視で行われることが多く，必要に応じて車外に出て近接したり，徒歩巡回などが行われることもある．

　b）定期点検
　・定期点検は，道路橋の損傷・機能・性能などの状態の把握および緊急性や次回点検までの措置の必要性などの健全性の診断をあらかじめ頻度を定めて計画的に行われる詳細な点検である．
　・定期点検は，安全で円滑な交通の確保，沿道や第三者への被害の防止，道路橋に係る維持管理の効率的な実施を目的に，必要な健全性の診断が行われることおよび点検結果が記録される最も基礎的な点検であり，維持管理上，最も重要な点検と位置付けられている．
　・定期点検は，全ての部材に近接して目視調査が行われることが基本であり，必要に応じて非破壊検査機器なども用いて必要な情報を得る．

　c）中間点検
　・中間点検は，定期点検を補うために，定期点検の中間年に行われる点検である．定期点検時に，次回の定期点検まで待たずに途中で状態確認が行われることが必要と判断された場合に計画される．点検の方法や内容，点検対象とする範囲は，中間点検の必要性の判断が行われるのと併せて対象となる事象や目的に応じて適切に定められる必要がある．

　d）特定点検
　・特定点検は，塩害やアルカリ骨材反応，鋼部材の疲労などの定期点検のみでは適切かつ十分な評価が困難な特定の事象に対して，定期点検とは別に，それぞれの事象に特化した方法・内容・点検対象とする範囲・頻度によって行われる点検である．

　e）異常時点検
　・異常時点検は，地震，台風，集中豪雨，豪雪などの災害や大きな事故が発生した場合などに，道路橋の状態を確認するために臨時に行われる点検である．

　2）調査
　維持管理段階では，様式や方法をあらかじめ決めて計画的に行われる点検とは別に，様々な目的で個別に様々な調査が必要となることが多い．調査は，次回点検までの措置の考え方を判断するために必要となる損傷の原因究明や進展性の評価，補修補強の必要性の判断などのために行われ，当該橋に行われる点検およびその計画の前提となるなど密接に関係している．そのため国の管理する道路橋の点検体系では，詳細調査と追跡調査の 2 種類の調査が点検との関係において位置付けられている．

a) 詳細調査

・詳細調査は，道路橋の損傷・機能・性能などの状態をより詳細に把握したり，原因の推定や進行性の評価，あるいは次回定期点検までの中間点検・補修補強の必要性の判断などのために行われる調査である．

・詳細調査は，上記の目的で実施するため，損傷の種類に応じて非破壊検査機器を用いるなど適切な方法により行われる．

・定期点検時に，健全性の診断が行われる際の前提として詳細調査が必要とされた場合，定期点検における診断は保留され，速やかに詳細調査が行われた上で，定期点検の評価が確定される場合がある．

b) 追跡調査

・追跡調査は，詳細調査が行われた結果，さらに定期点検時の状態確認とは別に，継続的に計測や検査などによる情報収集や状態監視などが行われる場合の調査を指す．例えば一度の詳細調査だけでは原因が特定できなかった場合や，劣化の進行や損傷の拡大傾向などの推定のためには，時間をおいて更なる調査が実施される場合もある．

・詳細調査の場合と同様に，対象に対する定期点検における診断を保留せざるを得ない場合には，記録においてもその旨を明確にするとともに，追加調査によって定期点検の評価が確定される場合がある．

3) 維持修繕

維持管理段階の道路橋に対しては，機能の回復や性能の向上，新たな機能の付与など様々な目的や観点から部材の追加や更新などで構造に変更が加えられることがある．

a) 維持

・維持は，既設橋の機能を保持するために，一般に日常計画的に反復して行われる措置である．

　例えば，既設橋の機能を一定水準以上に保持するために，清掃による劣化要因の除去や予防保全のための軽微な不具合の是正などが行われる．

b) 補修

・補修は，既設橋の機能を回復するために，損傷や劣化事象に対する是正のために行われる措置である（当初有していた機能より高い機能を具備させる場合は補強という）．

　既設橋が本来有しているべき機能が，劣化や損傷によって損なわれている場合に，これを本来有していた機能を有するまで回復する行為を補修とする．本来の機能が損なわれているとまでは言えない程度の劣化や小規模な不具合に対する是正は維持として区別されることも多い．ただし，対象や条件によっては両者の区別が難しい場合もある．また，主たる目的が機能回復であっても工法によっては結果的に耐荷力や耐久性能が当初より向上する場合もある．この場合についても区別が難しく一概には言えない．

　例えば，塗装の更新や部分塗替え，コンクリートのひびわれへの注入，断面修復などがこれにあたる．

c) 補強

・補強は，既設橋に生じた劣化や損傷などに対して，損なわれた機能などの回復にとどまらず当初有していた性能より高い性能を有するようにする措置である．又は，特に損傷などがなく積極的に既設橋が本来有していた以上の機能などを具備させることを目的とした措置を指す．

　例えば，断面増加，増し桁，補強材の追加などがこれにあたる．また，既設橋が元々備えていない機能を付与するような措置，例えば，拡幅による車線増や歩道の設置，耐震補強のための落橋防止装置の新設などの機能改善を伴う措置についても補強として扱われることがある．

　なお，補強が行われる一連の過程において，前段で本来有していた機能状態まで回復させるいわゆる補

修を行って，その後に機能の向上などが行われる場合も多くある．このような場合についてそれぞれの行為を区別して扱う場合には，それぞれ補修，補強と区別されるが，一連の行為をまとめて指す場合には補強と称することもある．

(4) 道路橋の定期点検

対象となる道路橋は，道路法上の道路における橋長 2.0m 以上の橋，高架の道路などである．法令に基づく道路橋定期点検要領 [2]はあくまで最低限の内容となっている．しかし，近接目視によって把握できる損傷や変状の情報は，状態の変化の有無や速度などを推測するなど維持管理の合理化や高度化に有益なものでもある．そのため健全性の診断のために必要な最低限の項目や内容に留めることなく，健全性の診断とは別に統計データなどの取得のための情報も点検記録として残したいという道路管理者のニーズも多くあると考えられる．このような場合には，法令および法令に基づく道路橋定期点検要領 [2]を完全に包含した上で，さらに過去の経験に基づいて損傷種類や部材種類をより細かく分類し，既に多くのデータの蓄積もある，国管理の道路橋を対象とした「橋梁定期点検要領　国土交通省道路局国道・技術課 [3]（以下「橋梁定期点検要領」という．)」も参考になる．このため，ここでは，国管理の道路橋に対して行われている定期点検を例に主な項目を中心に概説する．

ここで示した内容は，あくまで国管理の道路橋に対して全国の地方整備局において行われてきた点検を主として記載したものであり，必ずしもこれと同じことを行うことが他の道路管理者にも義務付けられている訳ではない．法令に基づき定められた事項以外の維持管理行為の内容や方法については，合理的な維持管理が行えるよう道路管理者毎に設定する必要がある．なお，ここで示した内容は参考文献 4)を参考に，その一部を引用している．

国管理の道路橋に対する定期点検の一般的な実施手順を図 1.2.7 に示す．図中には，国管理の道路橋を対象とした橋梁定期点検要領 [3]における点検項目のうち，法令で定められた点検に関する主な必須項目を記号「●」で示し，それ以外の主な付加項目を記号「○」で示す．

1) 定期点検の頻度

定期点検は，初回は完成時点では必ずしも顕在化しない不良箇所などの早期発見などを目的に供用開始後 2 年以内に行い，2 回目以降は 5 年に 1 回の頻度で実施することを基本としている．しかし耕作時は用排水路の水位が常時高く，例えば橋脚基礎の洗掘などの確認が水没しているため確認できないなど様々な事情により実務上は数ヶ月程度のずれは避けられないことも多いと考えられることから，5 年に 1 回の頻度を「基本」としている．

2) 状態の把握

道路橋の健全性の診断を適切に行うために，法令では，道路橋の外観性状を十分に把握できる距離まで近接し，目視することが基本とされている．これに限らず，道路橋の健全性の診断を適切に行うために，または，定期点検の目的に照らして必要があれば，打音や触診などの手段を併用することが求められている．

一方で，健全性の診断のために必要とされる近接の程度や，打音や触診などのその他の方法を併用する必要性については，構造物の特性，周辺部材の状態，想定される変状の要因や現象，環境条件，周辺条件などによっても異なる．したがって，一概にこれを定めることはできず，定期点検を行う者が橋毎に判断するこ

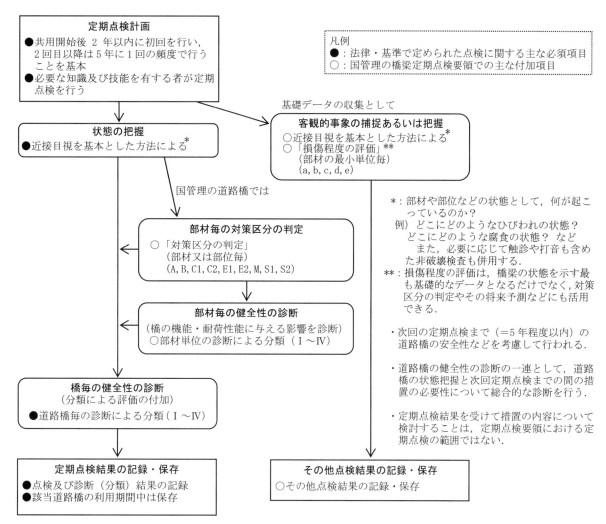

［文献 4）国土交通省国土技術政策総合研究所：道路構造物管理実務者研修（橋梁初級Ⅰ），道路橋の定期点検に関するテキスト，
国土技術政策総合研究所資料第 829 号，2015 年 3 月］

図 1.2.7　国が管理する道路橋に対する定期点検の一般的な実施手順 [4]を基に改変転載(加筆修正)

ととなる．また，法令運用上の留意事項として，定期点検を行う者が，自らの近接目視に基づくときと同等
の健全性の診断を行うことができる情報が得られると判断した場合には，その方法を用いることは近接目視
を基本とする範囲内と解釈できることが明確化された [2], [7]．定期点検を行う際に点検支援技術を活用する場
合には参考文献 5)，6)が参考となる．

　国管理の道路橋を対象とした橋梁定期点検要領 [3]では，部位や部材の損傷の状態を把握するとしている．
例えば，対象とする損傷の種類の標準を表 1.2.2 に示す 26 種に細かく分類するとともに，各部材の名称と記
号についても細かく分類しており（ここでは煩雑になるため省略する．詳細は参考文献 3)を参照），より細
かく分類して記録する場合には参考になる．

表 1.2.2　道路橋の損傷の種類（国管理の道路橋の場合） [3]を基に改変転載(加筆修正)

[文献3）国土交通省道路局国道・防災課：橋梁定期点検要領，2019 年 3 月]

材料の種類	損傷の種類
鋼部材	①腐食，②亀裂，③ゆるみ・脱落，④破断，⑤防食機能の劣化
コンクリート部材	⑥ひびわれ，⑦剥離・鉄筋露出，⑧漏水・遊離石灰，⑨抜け落ち，⑪床版ひびわれ，⑫うき
その他	⑬遊間の異常，⑭路面の凹凸，⑮舗装の異常，⑯支承部の機能障害，⑰その他
共通	⑩補修・補強材の損傷，⑱定着部の異常，⑲変色・劣化，⑳漏水・滞水，㉑異常な音・振動，㉒異常なたわみ，㉓変形・欠損，㉔土砂詰まり，㉕沈下・移動・傾斜，㉖洗掘

3) 客観的事象の捕捉あるいは把握（損傷程度の評価）と記録

この項目は法令では求められていない．しかし，定期点検において，捕捉あるいは把握した事象（たとえば，変状の外観）の記録をデータとして様々に加工できるように，何らかの客観的指標に置き換えて，現象としての経年劣化がどのように進行しているのかを分析・追跡しておくことにより，道路橋の構造や建設年代，用いられている技術などの条件毎の劣化特性を明らかにしたり，状態の将来予測に役立てることも考えられる．国管理の道路橋を対象とした橋梁定期点検要領 3) では，写真，損傷図，スケッチ，文章などによる状態の記録以外に，「損傷程度の評価」と称して，損傷の種類毎に最大 5 段階の区分を設定して，その結果を記録することを標準としている．

この「損傷程度の評価」はあくまで，事象の客観的事実を記録するためのものであり，部材の機能や橋の機能に及ぼす影響を判断するといった観点は含まれていない．また，損傷について，位置，大きさ，程度などの評価は用意された評価基準に従ってできる限り主観を介在させず正確かつ客観的に機械的に区分される必要がある．

国管理の道路橋を対象とした橋梁定期点検要領 3) では，「損傷程度の評価」が行われる単位は，必要に応じて部材をさらに細分化した「要素」と呼ぶ単位とされている．また，「損傷程度の評価」の区分は，健全性の診断とは異なり，事象の記録の一部であるので，技術者の判断など主観を排除し，客観的な事実関係が正確に評価・記録され，一般に a（健全）から e（損傷の程度が大きい）の最大 5 段階とされている（表 1.2.3 参照）．

表 1.2.3 損傷程度の評価区分の例（国管理の道路橋の場合） 3)を基に改変転載（加筆修正）
[文献3) 国土交通省道路局国道・防災課：橋梁定期点検要領，2019 年 3 月]

評価区分	a	b	c	d	e
損傷の程度	小	———————			大

4) 部材毎の対策区分

この項目は法令では求められていない．しかし，今後管理者が執るべき措置を助言する総合的な評価となるものである．国管理の道路橋を対象とした橋梁定期点検要領 3) では，当該橋梁の各損傷に対して補修などや緊急対応，維持工事対応，詳細調査などの必要性について，定期点検で得られる情報の範囲で判定され，点検結果から損傷原因の推定が行われ，補修などの範囲や工法の検討が行えるよう必要な所見が記録される．対策区分の判定の評価単位は，構造上の部材区分あるいは部位毎に行われ，表 1.2.4 に示す判定区分による判定が行われる．また，この対策区分の判定には，損傷程度の評価結果，その原因や将来予測，橋全体の耐荷性能などへ与える影響，当該部位，部材周辺の部位，部材の現状，必要に応じて同環境とみなせる周辺の橋梁の状況なども考慮され，技術的判断が加えられる．

表 1.2.4 部材毎の対策区分（国管理の道路橋の場合） 3)
[文献3) 国土交通省道路局国道・防災課：橋梁定期点検要領，2019 年 3 月]

判定区分	判定の内容
A	損傷が認められないか，損傷軽微で補修を行う必要がない。
B	状況に応じて補修を行う必要がある。
C1	予防保全の観点から，速やかに補修等を行う必要がある。
C2	橋梁構造の安全性の観点から，速やかに補修等を行う必要がある。
E1	橋梁構造の安全性の観点から，緊急対応の必要がある。
E2	その他，緊急対応が必要である。
M	維持工事で対応する必要がある。
S1	詳細調査の必要がある。
S2	追跡調査の必要がある。

5) 部材毎の健全性の診断

　この項目は法令では求められていない．しかし，多くの道路橋で，部材単位でも措置の必要性は診断されている．近接目視を基本として橋の状態を把握した上で道路橋としての健全性の診断を直接行うとしても，比較的小規模かつ単純な構造である橋を除けば，部材の変状や機能障害が道路橋全体の性能に及ぼす影響は橋梁形式などによっても大きく異なる．さらに，機能や耐久性を回復するための措置は部材単位で行われることが多く，定期点検の時点でその範囲をある程度把握できる情報を取得し，記録するのが維持管理上も合理的であることなどから，多くの道路橋で部材単位での措置の必要性について所見をまとめ，記録しておくことが合理的と考えられている．国管理の道路橋を対象とした橋梁定期点検要領[3]では，構造上の部材毎の健全性の診断は，表1.2.5に示す判定区分により行われる．

表 1.2.5　部材毎の健全性の診断（国管理の道路橋の場合）[3]

[文献3) 国土交通省道路局国道・防災課：橋梁定期点検要領, 2019 年 3 月]

区分		定義
I	健全	道路橋の機能に支障が生じていない状態。
II	予防保全段階	道路橋の機能に支障が生じていないが，予防保全の観点から措置を講ずることが望ましい状態。
III	早期措置段階	道路橋の機能に支障が生じる可能性があり，早期に措置を講ずべき状態。
IV	緊急措置段階	道路橋の機能に支障が生じている，または生じる可能性が著しく高く，緊急に措置を講ずべき状態。

　国管理の道路橋を対象とした橋梁定期点検要領[3]では，「対策区分の判定」と「健全性の診断」は，あくまでそれぞれの定義に基づいて独立して行われることが原則であるが，一般的には次のような対応となっている．

　　　「健全性の診断」　　「対策区分の判定」（いずれも国管理の道路橋の場合）
　　　　　「I」　：A，B
　　　　　「II」　：C1，M
　　　　　「III」　：C2
　　　　　「IV」　：E1，E2

　この考え方は，広く当てはまる場合が多いと考えられるが，機械的なものでなく，これに合致しない場合には都度判断される．なお，点検時に，うき・はく離などなど第三者被害の恐れのある状況であった場合には，速やかに第三者被害予防措置の観点から取り除くなどの応急措置が行われた上で状態の把握，対策区分の判定，健全性の診断が行われることとなる．

6) 道路橋毎の健全性の診断

　定期点検では，法令（道路法施行規則）に定められるとおり，橋単位で，その取扱いは表1.2.6に示す判定区分により行われる．なお，表1.2.6の内容は表1.2.5と同じである．道路橋毎の診断は，部材単位で補

表 1.2.6　道路橋毎の健全性の診断[2]

[文献3) 国土交通省道路局国道・防災課：橋梁定期点検要領, 2019 年 3 月]

区分		定義
I	健全	道路橋の機能に支障が生じていない状態。
II	予防保全段階	道路橋の機能に支障が生じていないが，予防保全の観点から措置を講ずることが望ましい状態。
III	早期措置段階	道路橋の機能に支障が生じる可能性があり，早期に措置を講ずべき状態。
IV	緊急措置段階	道路橋の機能に支障が生じている，または生じる可能性が著しく高く，緊急に措置を講ずべき状態。

修や補強の必要性を評価する点検とは別に，道路管理者が保有する道路橋全体の状況を把握するなどの目的で行われるものであり，道路橋毎に総合的な評価が付けられる．部材単位の健全度が道路橋全体の健全度に及ぼす影響は，損傷の進展速度，又は，構造特性や架橋環境条件，当該道路橋の重要度などによっても異なるので，部材単位の健全性の診断とは別に評価が行われる．しかし，ひとつの方法として，部材単位の健全性の判定において橋に与える影響も考慮しながら判定されることで，構造物の耐荷性能に影響を直接的に及ぼす主要な部材に着目して，それらの部材の判定の中で最も厳しい評価で代表させることで，ほとんどの場合には構造物の耐荷性能については安全側の評価が与えられると考えて良い．

7）記録・保存

定期点検における診断結果やその過程で得た橋の状態に関する情報，措置の実施は，維持・補修などの計画を立案する上で参考とする基礎的な情報であり，適切な方法で記録・保存されている．

国管理ではない道路橋に対して実施された定期点検結果の例の一部を**表 1.2.7〜表 1.2.9** および**図 1.2.8**に示す．

表 1.2.7　部位・部材区分と変状の種類の例 [2]

[文献 2）国土交通省道路局：道路橋定期点検要領，2019 年 2 月]

部位・部材区分		対象とする項目（変状の種類）		
		鋼	コンクリート	その他
上部構造	主桁	腐食	ひびわれ	
	横桁	亀裂	床版ひびわれ	
	縦桁	破断	その他	
	床版	その他		
	その他			
下部構造	橋脚		ひびわれ	
	橋台		その他	
	基礎			
	その他			
支承部				支承の機能障害
路上				
その他				

※灰色ハッチは部材区分の例でその他に区分されているものを示す．

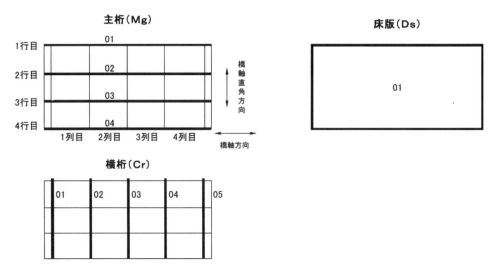

[文献 2）国土交通省道路局：道路橋定期点検要領，2019 年 2 月]

図 1.2.8　部材番号の例 [2] を改変（一部抜粋）して転載

表 1.2.8　橋梁名・所在地・管理者名などの例 [2)]

別紙2

[文献 2) 国土交通省道路局：道路橋定期点検要領，2019 年 2 月]　　　様式1

橋梁名・所在地・管理者名等

橋梁名		路線名	所在地		起点側	緯度 ○° ×′ △″ 経度 □° ▽′ ◎″		橋梁ID
○○橋 (フリガナ)マルマルバシ		県道○○	○○県△△市□□地先					
管理者名		定期点検実施年月日	路下条件	代替路の有無	自専道or一般道	緊急輸送道路		占用物件(名称)
○○県○○振興局○○土木事務所		2013.5.○	市道	有	一般道	二次		水道管

部材単位の診断(各部材毎に最も厳しい健全性の診断結果を記入)　　　定期点検者　(株)○○　△△　□□

部材名		判定区分 (Ⅰ～Ⅳ)	変状の種類 (Ⅱ以上の場合 に記載)	備考(写真番号、 位置等が分かる ように記載)	応急措置後の 判定区分	応急措置内容	応急措置及び 判定実施年月日
上部構造	主桁	Ⅱ	腐食	写真1、主桁02	Ⅰ		2013.5.○
	横桁	Ⅱ	腐食	写真1、横桁02	Ⅰ		2013.5.○
	床版	Ⅲ	ひびわれ	写真2、床版01	Ⅱ		2013.5.○
下部構造		Ⅰ					
支承部		Ⅰ					
その他							

道路橋毎の健全性の診断(判定区分Ⅰ～Ⅳ)
定期点検時に記録

(判定区分)	(所見等)
Ⅲ	(適切に記載する)

全景写真(起点側、終点側を記載すること)

架設年次	橋長	幅員
1984年	107m	11.8m

橋梁形式
○径間連続鋼○桁橋、○式橋台2基、○式橋脚2基

※架設年次が不明の場合は「不明」と記入する。

表 1.2.9　状況写真（損傷状況）の例 [2)]

別紙2

[文献 2) 国土交通省道路局：道路橋定期点検要領，2019 年 2 月]　　　様式2

状況写真(損傷状況)
○部材単位の判定区分がⅡ、Ⅲ又はⅣの場合には、直接関連する不具合の写真を記載のこと。
○写真は、不具合の程度が分かるように添付すること。

上部構造(主桁、横桁)【判定区分: Ⅱ 】	上部構造(床版)【判定区分: Ⅲ 】
写真1 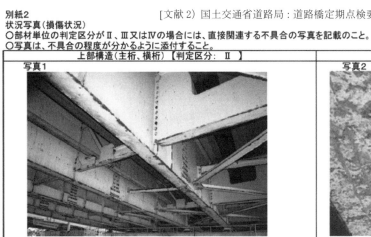 主桁02、横桁02	写真2  床版01

（5）おわりに

道路橋の維持管理について概説した．道路橋の設計では，性能規定や部分係数が導入され，様々な状態に対して性能が照査されているのに対し，道路橋の維持管理については，点検などが法令化され統一的な定期点検要領が整備されたものの，経験に基づいて定性的に性能を確認する場合が多いのが実情であり，対策技術の開発などについて今後もさらに重点的・計画的に取り組んでいく必要がある．

（執筆者：高橋　実）

1.2.2　鉄道

（1）鉄道橋りょうの現状と検査の基本的な考え方

　鉄道橋りょうの供用年数は，**図 1.2.9** や**図 1.2.10** に示すように，平均供用年数が 60 年以上となっている．これは，近年の新幹線の延伸や高架化事業などにより新設の橋りょう数は増加したものの，東海道新幹線，山陽新幹線などが建設された，1960～1970 年代から 50 年程度が経過していることや，明治・大正時代の鉄道建設により，供用年数が 100 年を超える橋りょうが 10,000 を越える数で存在していることなどに起因する．鉄道構造物の管理者は道路などと異なりすべて鉄道事業者であり，供用年数や環境条件が異なる構造物を各々の鉄道事業者が管理している状況にある．構造物に発生する変状も多岐にわたることから，同一の考えに基づいた維持管理を行い，適切に性能を把握する必要があるといえる．

　鉄道橋りょうの維持管理の方法が初めて体系化された指針は，昭和 49（1974）年に国鉄により作成された「土木構造物の取替標準（土木建造物取替の考え方）」[9]である．この指針で示された検査の基本的な考え方に基づき維持管理業務が行われてきた．JR となってから，平成 12（2000）年に「鉄道土木構造物の維持管理に関する研究委員会」が設置され，平成 13（2001）年に鉄道の技術基準における性能規定化の流れを踏まえて，国の鉄道の技術基準である「鉄道に関する技術上の基準を定める省令」（国土交通省令第 151 号）において，仕様規定型から性能規定型への改正がなされた．設計においては，平成 16（2004）年に，設計基準である，鉄道構造物等設計標準・同解説（コンクリート構造物）」において，構造物の要求性能を安全性，使用性，復旧性の 3 つに区分し，それぞれを照査する体系が導入された．これらを踏まえて，平成 19 年（2007年）に，鉄道構造物等維持管理標準（構造物編）が発刊された．コンクリート構造物，鋼・合成構造物，基礎構造物・抗土圧構造物，トンネル，土構造物（盛土・切土）の 5 分冊からなり，同一の鉄道構造物の維持

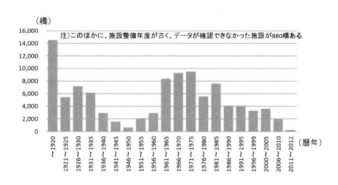

[文献 8）国土交通省 HP：社会資本の老朽化対策情報ポータルサイト，各社会資本の老朽化の現状，2016 年]

図 1.2.9　鉄道構造物の建設歴年別施設数（2013 年調査）[8]

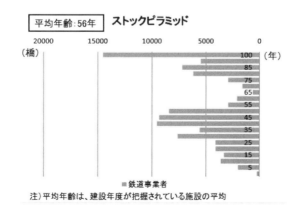

[文献 8）国土交通省 HP：社会資本の老朽化対策情報ポータルサイト，各社会資本の老朽化の現状，2016 年]

図 1.2.10　鉄道構造物のストックピラミッド（2013 年調査）[8]

管理の考え方に基づいた実務が行われている．

　鉄道構造物の維持管理は二つの考え方に基づき体系化されている．一つ目は，変状は部材の一部に発生するものから構造物全体にわたるものまで，その種類と程度は千差万別であり，それぞれの変状が構造物の性能にどのように関連しているかを把握することは容易ではないという考え方である．二つ目は，構造物の性能の確認は，性能項目の照査のほか，変状原因の推定や変状の予測を含めた総合的な評価により行う必要であるという考え方である．これらの考え方を踏まえて，以下の①～④の手順により検査，そして検査を踏まえた健全度の判定，それに基づく措置を行っている．

① 変状の抽出を主な目的として，目視を基本とした調査を行う．

② 発見された変状のうち損傷程度の比較的大きな変状に対して，入念な目視，機器等を用いた詳細な調査を行う．

③ これらの調査結果を基に，構造物の健全度を**表 1.2.10** により判定することにより，構造物が必要な性能を満たしているかどうかを確認する．

④ 必要な性能を満足していない，あるいは満足しないおそれのある場合等には，措置を施す．

　なお，性能とは，列車が安全に運行できるとともに，旅客，公衆の生命を脅かさないための性能（安全性）であり，必要に応じて使用性や復旧性を考慮するものとしている．また，構造物の維持管理にあたっては，構造物に対する要求性能を考慮し，維持管理計画を策定することを原則としている．

　上記の考え方により実務が行われているが，設計において構造解析などの定量的な手法により構造物の性能が照査されているのに対し，維持管理においては経験に基づいて定性的に性能を確認する場合が多いのが実情である．これは，過去の経験や変状事例に基づいて，目視のみで変状の予測や健全度の判定が可能な場合が多かったことなどによる．

表 1.2.10　構造物の状態と標準的な健全度の判定 [10]

[文献10）財団法人鉄道総合技術研究所：鉄道構造物等維持管理標準・同解説（コンクリート構造物），丸善，2007 年]

健全度		構造物の状態
A		運転保安，旅客および公衆などの安全ならびに列車の正常運行の確保を脅かす，またはそのおそれのある変状等があるもの
	AA	運転保安，旅客および公衆などの安全ならびに列車の正常運行の確保を脅かす変状等があり，緊急に措置を必要とするもの
	A1	進行している変状等があり，構造物の性能が低下しつつあるもの，または，大雨，出水，地震等により，構造物の性能を失うおそれのあるもの
	A2	変状等があり，将来それが構造物の性能を低下させるおそれのあるもの
B		将来，健全度 A になるおそれのある変状等があるもの
C		軽微な変状等があるもの
S		健全なもの

注：健全度 A1，A2，および健全度 B，C，S については，各鉄道事業者の検査の実状を勘案して区分を定めてもよい．

(2) 検査体系

　鉄道構造物の検査体系では，変状やその可能性を早期に発見し，構造物の性能を的確に把握することを目的に，**図 1.2.11** に示すように検査を区分している．以下では，鉄道構造物等維持管理標準・同解説（コンクリート構造物）[10]（以下，維持管理標準）記載されたコンクリート構造物を主として，各検査の特徴を述べる．

a) 初回検査

初回検査とは，新築構造物および改築・取替を行った構造物の初期の状態を把握することを目的として

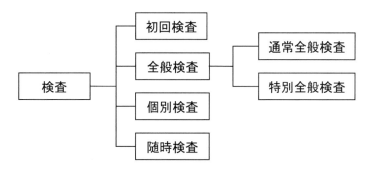

[文献10）財団法人鉄道総合技術研究所：鉄道構造物等維持管理標準・同解説（コンクリート構造物），丸善，2007年]

図 1.2.11　構造物の検査の区分 [10)

実施するものである．いわゆる，初期点検の位置づけとなる．大規模な補修・補強が行われた場合においても必要に応じて実施している．構造物に接近するなどして詳細に行う，入念な目視により，構造物の過大な変位・変形，ひび割れ，はく離，はく落などの有無および程度を調査することが主体となる．

　b）全般検査

　全般検査とは，構造物の状態を把握し，健全度の判定を行うことを目的として，定期的に実施するものであり，いわゆる，定期点検の位置づけとなる．このうち，通常全般検査は構造物などの変状などの有無およびその進行性を把握することを目的として，検査周期 2 年で定期的に実施するものである．通常全般検査における，調査方法は目視であるが，検査員は経験の有無などは問われない．

　特別全般検査は，健全度の判定を高めることを目的として，検査精度を高めて実施するものであり，通常全般検査に代えて実施するものである．特別全般検査の結果，構造物が所定の変状過程である場合には，原則 6 年を上限として延伸することもできるが，実情として特別全般検査を実施した事例は少ない．

　全般検査は，一般的に，維持管理標準やこれを改訂した鉄道コンクリート構造物の維持管理の手引き [11)（以下，維持管理手引き）に示された，**図 1.2.12** と**図 1.2.13** などの健全度の判定例に照らして，発生している変状がこれらに該当するか否かを判定する．健全度の判定は，国鉄時代に発刊された，前述した文献 9)に記された健全度の判定例を基本的に踏襲するものであり，変状と構造物の構造性能が必ずしも直接的にリンクするものではない．これは，(1)に示したように，鉄道構造物の維持管理が，全般検査において変状のスクリーニングを行い，後述する，個別検査において詳細な調査を行う体系であることによる．

　全般検査における調査項目は，ひび割れの場合，**図 1.2.12** に示すように，ひび割れ幅，ひび割れの方向，進行程度，発生位置，錆汁の有無などであり，コンクリートのはく落および鉄筋の露出の場合，**図 1.2.13** に示すように，はく落位置，はく落の範囲，大きさ，深さ，鉄筋露出の有無，鉄筋腐食の状態などである．例えば，ひび割れからの錆汁がある場合，幅 0.3mm 程度以上のひび割れがある場合，はく落の規模が 300mm×300mm 程度の場合，鉄筋露出長さが 300mm 程度の場合などは，健全度 A，すなわち，「運転保安，旅客および公衆などの安全ならびに列車の正常運行の確保を脅かす，またはそのおそれのある変状などがあるもの」として個別検査を実施することが基本となる．

　維持管理標準と維持管理手引きの健全度の判定例は，RC 桁，PC 桁，ラーメン高架橋，橋脚・橋台，函きょなどの構造物の種別ごとに健全度判定 AA～S の変状を例示している．なお，コンクリート構造物の通常全般検査において**表 1.2.10** に示す健全度 A1 と A2 の判定は行わず，詳細な健全度の判定は個別検査で実施することとなっている．ただし，検査時において，コンクリートのはく落などにより「運転保安，旅客

資料表4-(1).1(a)　健全度の判定例　RC桁(1)

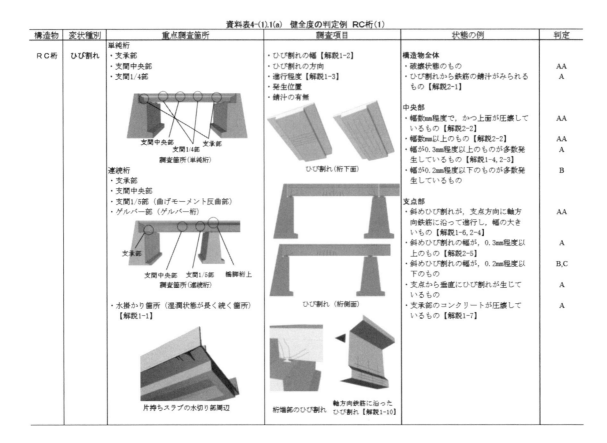

構造物	変状種別	重点調査箇所	調査項目	状態の例	判定
RC桁	ひび割れ	単純桁 ・支承部 ・支間中央部 ・支間1/4部 連続桁 ・支承部 ・支間中央部 ・支間1/5部（曲げモーメント反曲部） ・ゲルバー部（ゲルバー桁） ・水掛かり箇所（湿潤状態が長く続く箇所）【解説1-1】	・ひび割れの幅【解説1-2】 ・ひび割れの方向 ・進行程度【解説1-3】 ・発生位置 ・錆汁の有無	構造物全体 ・破壊状態のもの ・ひび割れから鉄筋の錆汁がみられるもの【解説2-1】 中央部 ・幅数mm程度で，かつ上面が圧壊しているもの【解説2-2】 ・幅数mm以上のもの【解説2-2】 ・幅が0.3mm程度以上のものが多数発生しているもの【解説1-4, 2-3】 ・幅が0.2mm程度以下のものが多数発生しているもの 支点部 ・斜めひび割れが，支点方向に軸方向鉄筋に沿って進行し，幅の大きいもの【解説1-6, 2-4】 ・斜めひび割れの幅が，0.3mm程度以上のもの【解説2-5】 ・斜めひび割れの幅が，0.2mm程度以下のもの ・支点から垂直にひび割れが生じているもの ・支承部のコンクリートが圧壊しているもの【解説1-7】	AA A AA AA A B AA A B,C A

[文献 11）国土交通省：鉄道コンクリート構造物の維持管理の手引き，2020 年]

図 1.2.12　RC 桁：ひび割れに関する健全度判定の例 [11]

資料表4-(1).3(d)　健全度の判定例　ラーメン高架橋・アーチ橋・ラーメン橋台（4）

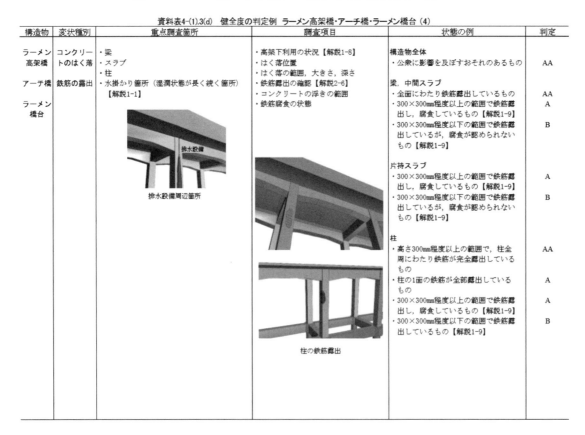

構造物	変状種別	重点調査箇所	調査項目	状態の例	判定
ラーメン高架橋 アーチ橋 ラーメン橋台	コンクリートのはく落 鉄筋の露出	・梁 ・スラブ ・柱 ・水掛かり箇所（湿潤状態が長く続く箇所）【解説1-1】	・高架下利用の状況【解説1-8】 ・はく落位置 ・はく落の範囲，大きさ，深さ ・鉄筋露出の確認【解説2-6】 ・コンクリートの浮きの範囲 ・鉄筋腐食の状態	構造物全体 ・公衆に影響を及ぼすおそれのあるもの 梁，中間スラブ ・全面にわたり鉄筋露出しているもの ・300×300mm程度以上の範囲で鉄筋露出し，腐食しているもの【解説1-9】 ・300×300mm程度以下の範囲で鉄筋露出しているが，腐食が認められないもの【解説1-9】 片持スラブ ・300×300mm程度以上の範囲で鉄筋露出し，腐食しているもの【解説1-9】 ・300×300mm程度以下の範囲で鉄筋露出しているが，腐食が認められないもの【解説1-9】 柱 ・高さ300mm程度以上の範囲で，柱全周にわたり鉄筋が完全露出しているもの ・柱の1面の鉄筋が全部露出しているもの ・300×300mm程度以上の範囲で鉄筋露出し，腐食しているもの【解説1-9】 ・300×300mm程度以下の範囲で鉄筋露出しているもの【解説1-9】	AA AA A B A B AA A A B

[文献 11）国土交通省：鉄道コンクリート構造物の維持管理の手引き，2020 年]

図 1.2.13　ラーメン高架橋など：コンクリートのはく落・鉄筋の露出に関する健全度判定の例 [11]

および公衆などの安全ならびに列車の正常運行の確保を脅かす変状などがあり，緊急に措置を必要とするもの」とされる，健全度 AA となる構造物に対しては，緊急に措置を講じた上で，後述する，個別検査を実施する体系となる．すなわち，通常全般検査においては，**表 1.2.10** に基づき AA，A，B，C，S を判定し，一般的に健全度 A 以上の場合には個別検査を実施し，詳細な検討のもと AA，A1，A2，B，C，S を判定することとなる．

c）個別検査

個別検査は全般検査の結果，詳細な検査が必要とされた構造物に対して，一般的には，健全度 A と判定された構造物に対して実施するものである．経験の積んだ検査員による目視などを実施し，変状原因の推定と予測を行い，構造物の性能項目を照査し，これらの結果に基づき，総合的に健全度を判定することを目的として実施する検査であり，いわゆる詳細点検の位置づけとなる．なお，目視に関しては，必要に応じてできるだけ構造物に近接して行う入念な目視を実施することもある．

維持管理標準には，**図 1.2.14** に示す概念のもと，材料劣化，鋼材腐食に起因する変状の予測手法や性能項目の照査手法が例示されている．性能項目の照査方法は，基本的には，式(1.2.1)に示す維持管理指標 *J* を用いて，**表 1.2.11** に示す，維持管理指標 *J* と健全度の判定ランクを関連付けて性能項目ごとに照査を行うものである．

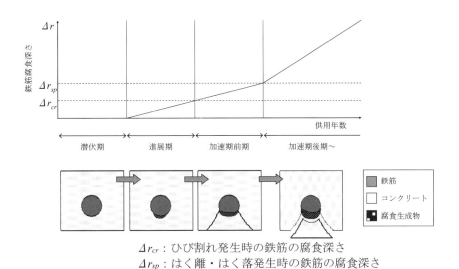

Δr_{cr}：ひび割れ発生時の鉄筋の腐食深さ
Δr_{sp}：はく離・はく落発生時の鉄筋の腐食深さ

[文献 10）財団法人鉄道総合技術研究所：鉄道構造物等維持管理標準・同解説（コンクリート構造物），丸善，2007 年]
図 1.2.14　変状過程と鉄筋腐食深さの関係の概念図 [10]

$$J = K_m \cdot \gamma_i \frac{I_{Rm}}{I_{Lm}} \tag{1.2.1}$$

ここに，*J* ：維持管理指標

　　　K_m：維持管理指標 *J* のための係数

　　　γ_i：構造物係数

　　　I_{Rm}：維持管理用応答値

　　　I_{Lm}：維持管理用限界値

表 1.2.11　構造物の状態と標準的な健全度の判定 [10]

[文献 10) 財団法人鉄道総合技術研究所：鉄道構造物等維持管理標準・同解説（コンクリート構造物），丸善，2007 年]

照査結果		健全度
現時点	目標とする供用期間終了時	
$J>1.0$	—	AA
$J≦1.0$	$J>1.0$	A1
	$0.8<J≦1.0$	A2
	$0.7<J≦0.8$	B
		C
	$J≦0.7$	S

　具体的には，性能照査は，構造物の検査時および目標とする供用期間終了時において行う．現時点の維持管理用応答値 I_{Rm} および維持管理用限界値 I_{Lm} を算出するにあたっては，より実状に近い値を用いる．目標とする供用期間終了時の維持管理用応答値 I_{Rm} および維持管理用限界値 I_{Lm} を算定するにあたっては，変状の進行を考慮した上で算定する．この定量的な手法に関して，維持管理標準においてはケーススタディなどが示されている．しかしながら，実務ではこれらを参考に実施されている場合もあるものの，必ずしも一般的に用いられている手法ではなく，経験を積んだ検査員による目視や，適宜実施した非破壊検査，微破壊検査の結果を踏まえた，定性的，半定量的な判定を行うことが一般的である．

d) 随時検査

　随時検査は，地震や大雨などにより，変状の発生もしくはそのおそれのある構造物を抽出することを目的として，必要に応じて実施するものである．全般検査における健全度の判定に準じて判定を行い，健全度 A 以上の場合には個別検査を行うこととなる．

(3) 維持管理の手順

　図 1.2.15 に，鉄道構造物の標準的な維持管理の手順を示す．(2)に示した検査体系に基づき行い，健全度の判定結果をもとに，構造物の重要度や列車運行への影響度などを考慮して措置を講じることとなる．措置は，監視，補修・補強，使用制限，改築・取替に分類される．

　監視は，構造物の状態や変状の進行性を把握することを目的とし，構造物の健全度が A1 または A2 と判定され，ただちに，補修・補強，使用制限，改築・取替を講じない場合に，検査周期 2 年の通常全般検査とは異なる検査間隔や検査方法で実施されるものである．

　補修・補強は，耐久性または力学的な観点から，構造物の性能の維持，回復あるいは向上を目的として実施されるものである．変状原因の推定の結果などを踏まえて補修・補強方法を決定するものである．

　使用制限は，運転停止，入線禁止，荷重制限，徐行に分類される列車の運転規制と，構造物の直下やその周辺の通行規制に分類される．前者は構造物の構造性能の観点から，後者は公衆安全の観点から主として実施されるものである．

　改築・取替は，以下の①〜④の場合に実施されるものである．①構造物の老朽化または変状が大規模であるため，補修・補強による措置が技術的に困難な場合．②補修・補強に多額の工費を要し，かつ信頼度も低いため，改築・取替による措置がより有利である場合．③近い将来，構造物の改築・取替が予定されている場合において，供用期間が短い構造物の補修・補強を行うよりも，改築・取替時期を繰り上げるのが経営的に有利であると判断される場合，④ある区間で健全度の低い構造物が連続しており，個々に補修・補強を行

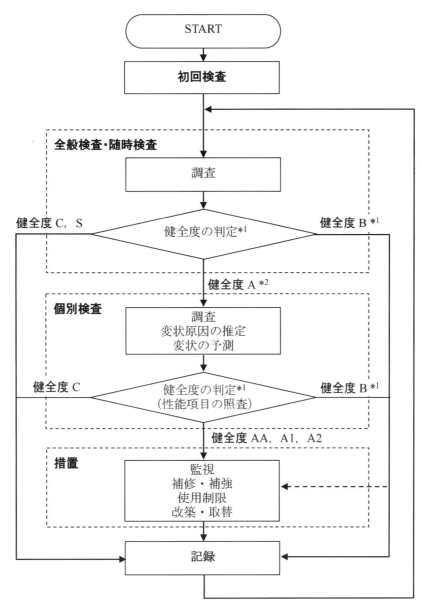

*1　必要に応じて，監視等の措置を講じる.
*2　健全度 AA の場合は緊急に措置を講じた上で，個別検査を行う.

[文献 10) 財団法人鉄道総合技術研究所：鉄道構造物等維持管理標準・同解説（コンクリート構造物），丸善，2007 年]

図 1. 2. 15　標準的な維持管理の手順 10)

表1. 2. 12　検査の記録の項目の例

検査区分	記録の項目	
	共通項目	検査区分ごとの項目
初回検査	◎検査区分 ◎調査年月日 ◎天候 ◎検査員等の氏名と所属 ◎線名・区間・位置 ◎構造物の名称	◎使用材料 ○鋼材のかぶり ○設計図，設計計算書 ○施工状況 ○変位，変形 ○グラウトの充填状況（プレストレストコンクリート構造の桁の場合）
通常全般検査	◎調査方法と調査結果	―
特別全般検査 個別検査	○変状の内容（変状の名称および分布・程度等の特徴）と位置（変状がある場合）	○調査結果（中性化深さ，塩化物イオン量，鉄筋腐食の程度，コンクリート強度，残存膨張量，凍害・酸劣化の程度など） ○変状原因，変状の予測，性能項目の照査結果
随時検査	◎健全度判定区分	◎構造物に生じた災害等の発生日時と概要

※◎：記録の対象とする項目　　　○：必要により記録の対象とする項目

うよりも区間全体の構造変更を行うほうが有利である場合において実施される.

　これら一連の内容については，適切に記録し保存することとなる．そのために，**表 1.2.12** に示すような，健全度の判定の根拠が明確になりうる事項について記録している．具体的な台帳システムは各鉄道会社で運用している [12).

　(4)　おわりに

　コンクリート構造物を中心に，鉄道構造物の維持管理時における構造性能評価の実情について概説した．鉄道構造物の維持管理は，発刊された技術図書などに基づき，同一の考え方により実務が行われている．業務体系も明確であり，初期点検の位置付けである初回検査，定期点検の位置付けである全般検査，詳細点検の位置付けである個別検査，これを踏まえた措置および記録が構築されており，それぞれが有効に機能している．しかしながら，設計においては構造解析などの定量的な手法により構造物の性能が照査されているのに対し，維持管理においては経験に基づいて定性的，または半定量的な方法で性能を確認する場合が多いのが実情である．

（執筆者：仁平達也）

1.3　複合構造標準示方書の現状と課題

1.3.1　概要

2014 年に制定された土木学会複合構造標準示方書[13)]は，原則編，設計編，施工編，維持管理編の 4 つから構成されている．ここでは特に，維持管理編を参照して，複合構造物の点検と評価技術に関する現状と課題を整理する．

維持管理の流れを**図 1.3.1**に示す．複合構造標準示方書では，点検と評価を次のように定義している．

✓　点検は，構造物に異常がないかを確認するとともに，構造物の性能評価を行うために必要な情報を得るための行為．評価等の判断行為は含まない．

✓　評価は，理論的確証のある方法を用いて，現有性能評価および性能予測を行うとともに，対策などの維持管理の実施を判断する行為．

以降では，SRC 構造物への適用を想定して，点検と評価に関する記載内容を整理する．

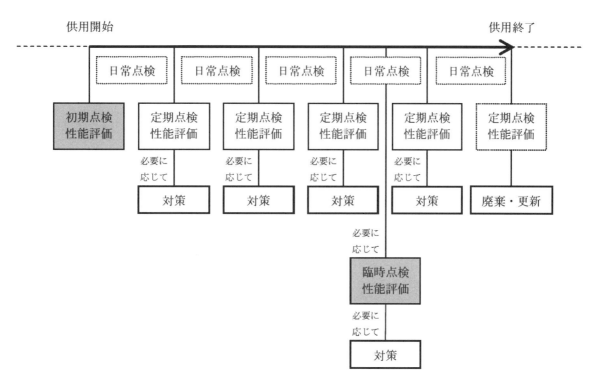

[文献 13)　土木学会：複合構造標準示方書，2014 年]

図 1.3.1　維持管理の流れ[13)]

1.3.2　点検の現状と課題

点検/調査は，評価に必要な情報を得るために行われる．**表 1.3.1**に示す 3 つの手法（非線形解析，性能評価式，外観変状に基づくグレーディング手法）により，複合構造物の性能を評価できる．仕様編では多くの紙面を割いて，SRC 構造物の外観変状に基づく評価手法（グレーディング手法）が紹介されているが，以降では，本委員会の目的である定量的な評価手法を取り上げる．

表 1.3.1　性能評価法と適用条件の例[13]

[文献 13）土木学会：複合構造標準示方書，2014 年]

評価手法		評価レベル	適用条件	評価指標	評価
非線形解析	有限要素モデル	定量的	－	非線形解析による応答値	応答値と限界値の比較
	線材モデル		構造細目・仕様等を満足		
性能評価式				性能評価式に用いる応答値	
外観変状に基づく評価手法（グレーディング手法）		半定量的	構造細目・仕様等を満足 経験的データの蓄積	グレード 健全度，損傷評価値	評価値と性能低下の対応表

表 1.3.2　性能評価手法の適用条件の確認[13]

[文献 13）土木学会：複合構造標準示方書，2014 年]

適用条件	点検部位の例	損傷事例の例	調査方法の例
構造細目・仕様等	部材接合部 鋼材の付着・定着 ずれ止め 支承・伸縮装置	コンクリートのひび割れ・断面欠損 鋼材の腐食・破断 PC 定着体の損傷 ずれ止めの腐食・破断 可動支承・伸縮装置の固定化 支承・伸縮装置の損傷	目視・打音 弾性波・電磁波計測 削孔・はつり

　定量的な評価手法として，非線形解析手法を用いるものや，新設構造物の設計時に用いた性能評価式を援用するものがある．これらの方法では，調査結果に基づいて構造物の形状と使用材料のモデル化が行われる．形状のモデル化では，部材の諸元と寸法，境界条件などを構造物の状態に応じて決定する必要がある．材料のモデル化では，鋼材とコンクリートの強度，応力-ひずみ関係（材料構成則），および鋼材とコンクリートの相互の拘束や応力伝達などを考慮する必要がある．

　性能評価式を用いることは比較的簡便であるが，当該構造物が性能評価式の適用条件を満足している必要がある．同様に，線材モデルを使用する場合にも，その前提条件を満足していることを点検によって確認する必要がある．性能評価式や線材モデルの適用条件を確認する場合について，点検部位や調査方法の例を**表1.3.2**に示す．

　有限要素モデル，線材モデル，性能評価式に必要となる情報（e.g. 鋼材とコンクリートの強度，応力-ひずみ関係，相互の拘束効果，応力伝達）は点検によって得る．調査項目は，評価の内容や方法に応じて設定し，必要とする情報が確実に入手できる調査方法を選択する必要がある．調査方法の例を**表 1.3.3**に示す．現場での調査方法は，外観調査，局所破壊を伴う調査（微破壊調査），非破壊試験，計測による調査（モニタリング）に大別される．複合構造標準示方書では，微破壊調査と非破壊試験，およびモニタリングの手法として，**表 1.3.4**と**表 1.3.5**が紹介されている．

　このように，現行の複合構造標準示方書では，点検の枠組みと調査方法の例が示されている．しかし，これらは一般的な鉄筋コンクリート（RC）構造物や鋼構造物に用いられる手法であり，複合構造物に対して適用条件や精度は十分に検討されていない．例えば，断面に鋼材が多く配置された SRC 構造物に対して，弾性波や超音波を用いてコンクリート強度を推定しても，RC 構造物に適用した場合よりもばらつきの大きい推定強度が得られることが予想される．電磁波を用いて鉄筋位置や径の推定を試みた場合も，鉄骨が電磁波の伝搬挙動に影響することが考えられる．また，コンクリート充填鋼管（CFT）構造のように，コンクリー

トの外側が鋼材に覆われている場合では,内部のコンクリートの状態や物性値を推定することは困難である.

　このように,複合構造は鋼材とコンクリートを自由に組み合わせることによって,様々な構造特性を可能にする点が大きなメリットであるが,点検や調査のステージにおいては,既存手法の適用条件や精度に注意

表 1.3.3　調査項目とそれに対応する調査方法の例 [13]

[文献 13)　土木学会:複合構造標準示方書, 2014 年]

調査項目	調査方法		得られる情報
構造物の概要	書類の調査	設計図書 検査記録 施工記録	適用基準 構造計画, 施工計画, 維持管理計画 一般図, 詳細図 構造細目
構造物の状態	計測による調査	加速度計 騒音計	振動特性 騒音
外観の変状	外観の調査	目視 たたき カメラ等の映像機器	コンクリートの欠陥（ひび割れ, 豆板, コールドジョイント, 浮き, はく離） 鋼材の欠陥（腐食, 塗装はがれ, き裂） 継手部の欠陥（溶接部の欠陥, ボルト, リベット等のゆるみ, 脱落）
コンクリートの状態	外観の調査	目視 たたき カメラ等の映像機器	ひび割れ エフロレッセンス スケーリング, ポップアウト
	局部破壊を伴う調査	コア採取, はつり, ドリル削孔	材料の特性値（強度, 弾性係数） コンクリートの内部の欠陥 PC グラウトの充填状況
	非破壊試験による調査	反発法, 超音波法, 電磁波レーダー法, 分極抵抗法	材料の特性値（強度, 弾性係数） コンクリートの浮き, 内部の欠陥 PC グラウトの充填状況
鋼材の状態	外観の調査	目視 たたき カメラ等の映像機器	塗膜の損傷（ふくれ, はがれ等） 防食の状態, 消耗速度 鋼材の腐食 鋼材のき裂 ボルトのゆるみ, 脱落
	局部破壊を伴う調査	サンプル採取 はつり, ドリル削孔	材料の特性値（強度, 弾性係数） コンクリート中の鋼材の配置 コンクリート中の鋼材の腐食 コンクリート中の鋼材の破断
	非破壊試験による調査	超音波法, 電磁波レーダー法, 自然電位法, 分極抵抗法	コンクリート中の鋼材の配置 コンクリート中の鋼材の腐食 コンクリート中の鋼材の破断
		浸透探傷試験（PT）, 超音波探傷試験（UT）, 磁粉探傷試験（MT）	塗膜の損傷 鋼材のき裂
FRP の状態	外観の調査	目視 打音	表面保護層の欠陥 FRP の欠陥
	非破壊試験による調査	浸透深傷試験（PT）	FRP 外部のき裂
		超音波法	FRP 内部のき裂
変形	外観の調査	目視	たわみ, 沈下
	計測による調査	変位計	
荷重条件	計測による調査	交通量調査 機器による測定	日交通量 大型車混入量 振動
環境条件	書類や公開情報の調査	気象情報	気温, 湿度, 降水量, 日射量 水分, 塩分, 二酸化炭素 風速, 風向き
	計測による調査	機器による測定	

表 1.3.4　非破壊試験による調査および局部破壊を伴う調査の例 [13)]

[文献 13)　土木学会：複合構造標準示方書, 2014 年]

調査方法		得られる情報
非破壊試験による調査	反発硬度法	コンクリートの強度, コンクリート表層の状態
	電磁誘導法 (渦流探傷試験)	コンクリート中の鋼材の位置, 鋼材径, かぶり コンクリートの含水状態 塗料の膜厚 鋼材のき裂の有無
	弾性波法 (打音法, 超音波法, 衝撃弾性波, AE 法)	コンクリートの強度, 弾性係数 コンクリートのひび割れ コンクリートの浮き, はく離, 空隙 PC グラウトの充填状況 鋼材の板厚 部材内部の鋼材のき裂 ボルトの損傷 FRP の板厚 部材内部の FRP のき裂
	電磁波法 (X 線法, 電磁波レーダー法, 赤外線法)	コンクリートの強度, 弾性係数 コンクリートのひび割れ コンクリートの浮き, はく離, 空隙 PC グラウトの充填状況 塗料・塗膜の状態 鋼材のき裂の有無
	電気化学法 (自然電位法, 分極抵抗法)	コンクリート中の鋼材の腐食状況 塗料・塗膜の状態
	化学法 (蛍光浸透探傷試験, 染色浸透探傷試験)	鋼材のき裂の有無
	磁化法 (磁粉探傷試験)	塗料・塗膜の状態 鋼材のき裂の有無
局部破壊を伴う調査	コア法	コンクリートの強度, 弾性係数 塩化物イオン量, 中性化深さ 鋼材のき裂の状態
	ドリル削孔法	コンクリートの強度, 弾性係数 塩化物イオン量, 中性化深さ 鋼材のき裂の状態
	はつり・研磨法	コンクリートの浮き, はく離, 空隙 コンクリート中の鋼材の状況 材料組成
	顕微鏡法 (光学式, SEM)	塗料・塗膜の状態 さび層の構造
	EPMA 法, 赤外分光分析法 蛍光 X 線分析法	材料組成 さび層の構造

が必要になる．構造性能を評価するためには，非破壊試験やモニタリングの活用が期待されるが，現状では複合構造物の点検に関する基礎データが不足している．今後，複合構造物の点検の高度化に向けて基礎データを収集・分析し，データベースを構築することが望まれる．

表 1.3.5　計測による調査の例 [13)]

[文献 13）土木学会：複合構造標準示方書，2014 年]

調査方法	得られる情報
変位計	構造物の変形，たわみ，沈下 剛性の変化
加速度計	振動特性，剛性の変化
騒音計	騒音
ノギス，マイクロメータ	鋼材の板厚，腐食状況 FRP の板厚
色差計，光沢度計	塗料・塗膜の状態
各種センサ（機器）	交通量，大型車混入量 気温，湿度，日射量 水分の供給（雨掛かり，地下水位） 塩分，二酸化炭素 風速，風向き

1.3.3　評価の現状と課題

　既設構造物の性能評価の流れを**図 1.3.2** に示す．定量的な評価方法として，性能評価式や線材モデルを使用する場合には，**表 1.3.2** に示すように，その前提条件が成り立つことを点検で確認する必要がある．さらに，有限要素モデルを用いた非線形解析では，鋼材とコンクリートの材料劣化を考慮した応力-ひずみ関係のモデル化や，鋼材とコンクリートの付着特性のモデル化，劣化の空間分布を解析に組み込むことなど，当該構造物の状態や評価の目的によって適切な解析モデルを設定する必要がある．

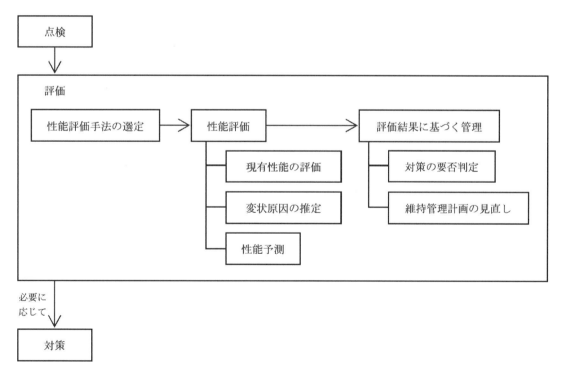

[文献 13）土木学会：複合構造標準示方書，2014 年]

図 1.3.2　性能評価の流れ [13)]

　評価の目的として，例えば，i）ある限界状態での部材耐荷力を求め，設計荷重により部材に生じる作用力

と比較することにより，部材の安全性を検討する場合や，ii) 環境作用や地震によって構造物に劣化や損傷が生じた場合に，劣化や損傷がどの程度まで進展しているかを確認し，対策に繋げるなどの目的がある．前者 i) の耐荷力の評価を目的とする場合は，新設構造物の設計と同様に，限界状態での応力-ひずみ状態を仮定し，部材の力学性能を評価する．ここで劣化や損傷が軽微な場合については，性能評価式を援用することも可能である．一方，後者 ii) の目的（現在の構造物の状態と性能を知る）であれば，限界状態に至るまでのプロセスが計算できる有限要素モデルなどの非線形解析が必須になる．設計編の有限要素解析による性能照査編をベースにしつつ，材料に生じた劣化や損傷の影響をモデルに組み込まなくてはならない．評価の目的，当該構造物の状態，調査によって得られる情報の制約などを勘案して，最適となる解析モデルを設定する必要があり，現状では，解析担当者の知識，経験，センスが求められる．なお，維持管理編の仕様編には，経年劣化による鋼材腐食を想定して，表 1.3.6 のモデル化の例が示されている．

　複合構造は鋼材とコンクリートが相互に拘束することにより，複雑な応力伝達機構や耐荷機構，力学挙動を示す．劣化や損傷が進展した既設構造物の性能評価において，モデル化の妥当性や解析の精度については

表 1.3.6　非線形有限要素解析における鋼材腐食の生じた部材のモデル化の例 [13]

[文献 13）土木学会：複合構造標準示方書，2014 年]

モデル化	モデル化の項目			モデル化の方法
形状	解析次元		劣化の空間分布	三次元でモデル化，劣化の空間平均
	要素分割	コンクリート	はく離・はく落，ひび割れ	コンクリート要素の削除，付着の低下
		鉄筋	配筋状況，かぶり厚さ	実際の状況に合わせて鉄筋要素を配置
		鋼板	欠損，変形	鋼板要素の削除，要素形状の修正
	境界条件		支承，接合部の状況，たわみ	実際の状況に合わせて初期状態をモデル化
材料	コンクリート		強度，弾性係数	強度，弾性係数の実測値を用いる ばらつきや空間分布を考慮する
			引張応力下の応力－ひずみ関係	テンション・スティフニングモデルに付着劣化の影響を考慮する
			圧縮応力下の応力－ひずみ関係	腐食ひび割れの影響を考慮する
			せん断伝達特性	腐食ひび割れの影響を考慮する
			ひび割れ	強度，弾性係数の低下
	鉄筋		強度，弾性係数	設計値または実測値を用いる ひずみ履歴や時効の影響を考慮する
			腐食状況，断面欠損	断面積を減少させる 応力－ひずみ関係に考慮する
	鋼板	母材	腐食状況，断面欠損	断面積を減少させる 応力－ひずみ関係に考慮する
			き裂，変形	要素分割で考慮する 応力－ひずみ関係に考慮する
		接合部	腐食状況，溶接不良 ボルト脱落・ゆるみ	断面積を現象させる 応力－ひずみ関係に考慮する
	ずれ止め		腐食状況，破断	力－変位関係に考慮する
	付着・定着		付着強度，定着の状況	腐食量に応じて付着劣化を考慮する

十分な知見とデータが揃っていない．1.3.2 の点検と同様に，基礎データを収集・分析し，知見の共有とデータベースの活用が望まれる．

なお，既設構造物の性能評価では，i)設計外力（現状で当該構造物に作用しているものよりも大きい外力）を見込んで構造物の使用性や安全性などを評価する場合と，ii)現状で当該構造物に作用している実際の外力に対して構造物の使用性などを確認する場合がある．前者 i)は，有限要素モデルなどの非線形解析が必要であるが，後者 ii)については，**表 1.3.7** に示すようなモニタリング手法によって直接的に性能を確認することができる．微破壊/非破壊試験と非線形解析の組み合わせは強力な評価ツールとなるが，各種センサを用いた構造ヘルスモニタリングは実際の作用の評価や構造物の劣化予測などにも繋がることから，今後の高度化と活用が期待される．

表 1.3.7　現有性能評価における評価指標と評価手法の例 [13]

[文献 13) 土木学会：複合構造標準示方書，2014 年]

要求性能	性能項目	限界状態	評価指標	評価手法
安全性	耐荷性	構造物の破壊（断面破壊，疲労破壊）	断面力，ひずみ，応力度	非線形解析，性能評価式
	安定性	安定の限界・崩壊（変位変形・メカニズム）	変形・基礎構造による変形	非線形解析，性能評価式
	機能上の安全性	走行性の限界	加速度・振動・変形	非線形解析，性能評価式
		第三者影響度の限界	コンクリートのはく落（中性化深さ，塩化物イオン）	測定値
使用性	快適性	走行性・歩行性の限界	加速度・振動・変形	測定値
		外観の阻害	ひび割れ幅，応力度	測定値
		騒音・振動の限界	騒音・振動レベル	測定値
	機能性	水密性の限界	構造体の透水量ひび割れ幅	測定値
		気密性の限界	構造体の透気量ひび割れ幅	測定値
		遮蔽性の限界	物質・エネルギーの漏洩量	測定値
		損傷（機能維持）	変形，ひずみ，応力度	測定値
復旧性	修復性	損傷	変形・ひずみ・応力度	非線形解析，性能評価式

（執筆者：内藤英樹）

1.4　根拠に基づく構造性能評価の技術体系

1.4.1 医療とのアナロジー

　構造物の維持管理は人間に対する医療によく例えられる．維持管理では，構造物の点検，評価，対策を通して安全性の確保を行うことを目的（の一つ）とし，医療においては，検査，診断，治療を通して生命を守ることを目的とすると考えられる．故に維持管理の技術者は構造物の医者に例えられる．例えられるのであれば，他分野の用語・考え方を謙虚に習い，思考の補助線として構造物の維持管理を見直すことには意味があると考える．以下にこれを試みよう．

　体調不良を抱えた患者として病院に駆け込んだはいいが不満を持つことは多い．時間がかかる，金がかかる，この検査・薬は意味があるのか，人によって言うことが違う，等々である．人は誰しも患者になることがあり，これらは実感を持って経験していることが多い．構造物の管理者も同様の問いを発してもいいのではないだろうか．時間がかかる，金がかかる，この点検・対策は意味があるのか，評価が分かれるのはどういうことなのか，と．

　維持管理と医療とのアナロジー（類推）を試みると図 1.4.1 のようにまとめられる．人は日々を暮らす中で病気にかかることを防ぐために生活習慣改善などの予防を行う．そして，定期的に健康診断を受けて，診察と各種検査により健康状態を評価することで，健康の維持と病気などの早期発見を行う．病気にかかった際には，問診，診察，各種検査を受けて，医師による診断のもとで治療を行ってもらう．治療は投薬や手術などがあるだろう．

　維持管理においては，予防は排水・防護など，健康診断は定期点検，問診・診察は点検，検査は非破壊・微破壊計測，診断は評価，治療は対策に相当するだろう．医療における罹患，検査，診断，治療の臨床結果や生存確率などは，統計学・疫学的評価で検証される．これは設計評価になるだろうか．また，解剖学は解体調査にあたると考えていいだろう．検死と法医学という分野もある．そしてこれらを基礎として支えているのは生理学・病理学ではないか．構造物の維持管理では構造力学・材料科学などにあたるだろう．

　既設構造物の維持管理においては，こうした点検から評価，対策までのプロセスがあり，対策として補修・補強の設計・施工がある．一方で，新設構造物は設計・施工により世に生みだされる．いずれにせよ，これらは設計評価，解体調査により評価がなされることになり，その知見は基礎と上流のプロセスにフィードバックがなされるべきである．

　ここで，いくつかの用語を確認しておきたい．症状とは，「生体が病気にかかったときに認められる変化

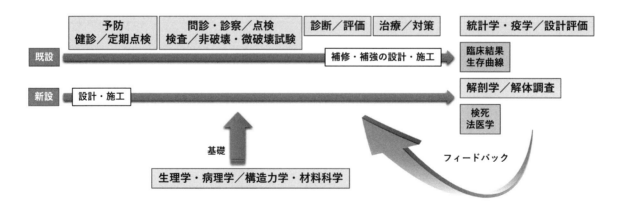

図 1.4.1 維持管理と医療とのアナロジー

を総括していう場合に用いる用語．頭痛，悪寒，発熱などの自覚症状と，聴打診その他の検査をしてわかる他覚症状とがある．後者を特に徴候と呼ぶことが多い.」とある [14]．検査とは，「ある基準に照らして適・不適，異常や不正の有無などをしらべること．「水質－」「機械を－する」」とある [15]．医療の検査においては，「臨床検査は，患者から採取した血液や尿，便，細胞などを調べる「検体検査」と，心電図や脳波など患者を直接調べる「生理機能検査」の 2 つに大きく分けられ」る [16]．医療において，検査は問診・診察とは異なる行為であると認められる．

　日本臨床検査医学会によると，臨床検査値は，基準範囲，臨床判断値として用いられている [17]（図 1.4.2）．

　基準範囲（reference interval）は，一定の基準を満たす健常者の検査値分布の中央 95%区間として設定し，検査値を判読する基準（めやす）としている．しかし，正常・異常を区別したり，特定の病態の有無を判断する値ではない．

　対して，臨床判断値（clinical decision limits）は判定を行う基準で，診断閾値，治療閾値，予防医学閾値の 3 つに大別されている（図 1.4.3〜5）．診断閾値（diagnostic threshold）は，特定の疾患や病態があると診断する検査の限界値であり，疾患特異性の高い検査に対して症例対照研究により，疾患・非疾患群の検査値の分布を調べて最適な位置に設定する．治療閾値（therapeutic threshold）は，緊急検査などにおいて治療介入の必要性を示す限界値であり，経験則や症例集積研究により定まる．予防医学閾値（prophylactic threshold）は，特定病態の発症リスクを表す検査に対して，コホート研究の結果から専門家の合意により設定される．健診基準値とも呼ばれ基準範囲と混同されることが多い．

　このように基準範囲と判断値は目的に応じて明確に定義がなされている．

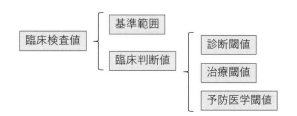

図 1.4.2 基準範囲と臨床判断値

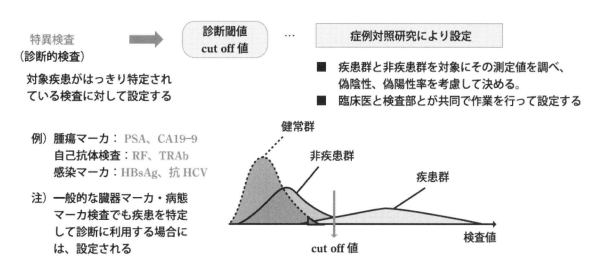

[文献 17) 日本臨床検査医学会：臨床検査のガイドライン JSLM2018，参照日 2021 年 6 月 16 日]

図 1.4.3 診断閾値の概念と設定法（JSLM2018）[17]

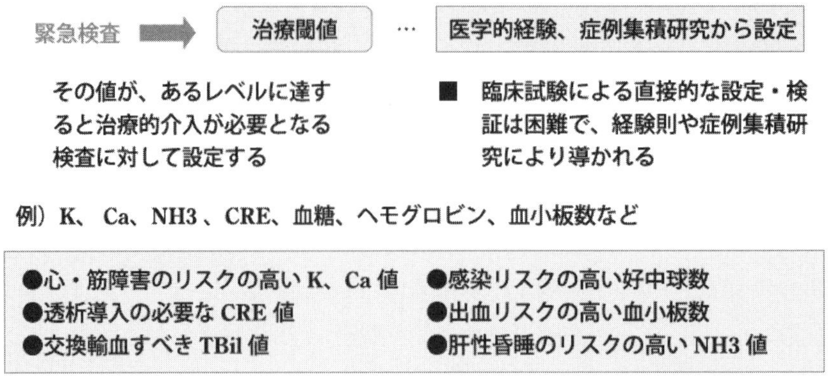

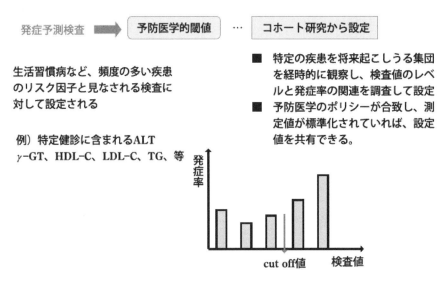

[文献 17) 日本臨床検査医学会：臨床検査のガイドライン JSLM2018, 参照日 2021 年 6 月 16 日]

図 1.4.4 治療閾値の概念と設定例（JSLM2018）[17]

[文献 17) 日本臨床検査医学会：臨床検査のガイドライン JSLM2018, 参照日 2021 年 6 月 16 日]

図 1.4.5 予防医学的閾値の概念と設定法（JSLM2018）[17]

　以上は維持管理において点検段階に用いられる用語である．維持管理の評価段階はどうであろうか．医療においては診断にあたる．診断とは，健康状態あるいは病気の状態を診察や検査の情報を用いて判断することである．ここで医療と構造物維持管理との大きな違いは現象モデルの有無であると考えられる．構造物には解析モデルがある．構造物維持管理では，点検の情報を得ることは同様になされているが，解析モデルを用いて照査を行い，総合的に評価を行っている．一方で，人体には現象が複雑すぎて構造解析モデルのようなものはないであろう．構造物の現有性能と将来性能の照査は解析モデルを用いて行われ（それが性能評価式もしくは大規模な構造解析のいずれであれ），点検に加えて，照査の結果を踏まえて評価がなされ，対策の要否と程度が検討される．一方で，医療では，診察や検査の結果を十分に揃えて医師が診断を行っているようである．

　これまでの維持管理手法の発展を大まかに振り返ると，点検と調査に基づき，部材の外観劣化状態を段階区分（潜伏期，進展期，加速期，劣化期）する方法に始まり，2014 年制定複合構造標準示方書では定量的性能評価手法と半定量的性能評価手法とが示されている．定量的評価手法は，非線形解析と性能評価式があり，前者には有限要素モデルと線材モデルが示されている．半定量的性能評価手法は外観変状に基づく評価手法

（グレーディング手法）が示されている．示方書では，構造物の性能評価には定量的評価手法を適用することを原則としており，外観変状に基づく評価手法は適切な能力を有する専門技術者が性能評価を行う場合に適用可能であるとしている．

　構造物の解析モデルには入力情報が必要である．定量的性能評価手法において，特に有限要素モデルによる既設構造物の現有性能評価においては，適切なモデルに現状を表す各種情報を反映させなければならない．特に近年の高度な非線形構造解析や材料劣化解析などによる定量的な性能評価には複数の入力情報が必要とされている．入力情報は点検によって得る必要がある．先に確認した医療の，問診，診察，検査の役割分担は，初期点検，日常点検，定期点検，臨時点検の中に内包されていると見ることができる．外観に現れるもしくは内部に存在する症状を得る点検もあれば，何等かの計測値を得る点検もある．しかしながら，点検で得られた計測値は臨床検査値ほどに用途が明確になってはいない．点検全体を見ると，症状に対する確認行為もしつつ，照査モデルに必要な情報を得る行為も含まれている．経験のある専門技術者の認識の中では間違いなく分けて考えられていると思われるものの，現状は用語が追い付いていないように見える．用語が追い付いていない場合には，初心者に誤解が生じたり，関係者間に認識のずれが生じて，「これは意味のある行為なのか」という状況が起こる可能性も十分にあり得る．

　一方で，点検にはシーズ駆動的に多種多様な技術が開発投入され，現在では AI やロボティクスによる高度化の試みも顕著である．これらは従来得られていた情報を，より効率的に，さらには高密度・高頻度に得られることになるであろう．時には従来見えずに得られていなかった情報を得られる技術の登場もある．

　だがこうした高度化とは必ず構造物の確度の高い性能評価に直接繋がる行為だろうか．点検の効率化の側面はもちろんあり，構造物の症状をより精密・頻繁に確かめられる利点はあるものの，爆発的な情報量の増大が確度の高い性能評価に繋がるかに注意する必要があろう．また，性能評価のための入力情報はどれも平等に精密に得るべきであろうか．そして，新技術で見えるようになるとすると何が見えるといいのだろうか．次にこの点について類推しながら整理を試みる．

1.4.2　根拠に基づく医療・維持管理

さて，日本医師会によると医療の目的は以下のように示されている．

　　医療は医（科）学の実践であり，医（科）学に基づいたものでなければならず，近年，根拠に基づく医療（Evidence-Based Medicine；EBM）が強調されている．医師は医学的根拠のない医療，とくにいわゆるえせ医療（quack medicine）に手を貸すことを厳に慎むべきである．
　　医療の目的は，患者の治療と，人びとの健康の維持もしくは増進（病気の予防を含む）とされる．（以下略）
　　（日本医師会　会員の倫理向上に関する検討委員会（答申）　医の倫理綱領・医の倫理綱領注釈より[18]）

　ここに述べられている「根拠（エビデンス）に基づく（ベースド）医療（メディシン）」が医学において近年広く展開されている．EBM は，臨床研究の結果に基づいて検査や治療に有効性があるかを判断する．アメリカでは，米国内科専門医認定機構財団という組織が中心となって，無駄な医療を順次公表していく計画であり，米国医学会の 71 学会が参加している．このキャンペーンは「Choosing Wisely」と呼ばれ，有効性のある検査や治療を「賢く選ぼう」という意味である[19]．

　室井によると，業界はわざわざ病気を作り出してしまう可能性もあり得ると言う．

「例えば，うつの解釈を拡大すれば，抑うつの症状を示す患者に対して，診断がおろそかなままに無用な薬が投与されかねない.」

「薬を処方すれば，製薬企業や医療機関の利益につながる. たとえ真のうつでなくとも，抑うつの症状にうつの薬は効果を示す. 従って，本来であれば『病気に対して薬を使う』となるはずが，『薬が効くから病気』という逆転が起こる可能性がある.」

（室井　絶対に受けたくない無駄な医療より [19]）

また，検査がコストフリーであるわけでもないのに必要以上に行われてしまう状況もあり得ると言う.

「CT 検査 1 回で受ける被曝量は 5~30 ミリシーベルト・・・X 線検査が 1 回当たり 0.06 ミリシーベルトであるのに比べれば十分に高い.」

「CT 検査が積極的に行われる背景には，3 つの問題がある・・・」

「まずは『念のため』である. CT 検査の画像を参考に，思わぬ重症の患者を拾い上げたい，見逃しによるトラブルを避けたいという思惑だ」

「『検査費用』の問題もある. 医療機関にとって CT 検査をすれば当然利益になる. 被曝リスクがあるとはいっても，致命的な問題がすぐに起こるわけではない. であれば，実施をやめる動機づけは起こりにくい.」

「さらに，最も重要だと思われる『無知』の問題がある. 最近になって，ようやく CT 検査に伴う被曝リスクが問題視されるようになったが，そもそも CT 検査がリスクをはらむと思わなければ，実施を避ける理由は生じない.」

（室井　絶対に受けたくない無駄な医療より [19]）

そして，無駄な医療が止まらないのは，医療側に大人の事情があるからであるとしている.

「2 つのパターンが考えられる. 一つは・・・『知っていてやっている場合』，あるいは『おぼろげに知っていながらやっている場合』だ. もう一つは『そもそも知らない場合』である.」

「後者のそもそも知らない場合をまず考えると，こちらは知識の更新が追いついていないだけだ. 無知は『言語道断』と思われがちだが，程度の問題で，あまりに古い情報がアップデートされていないならば問題だが，最新情報まで常に完璧に押さえられるとは限らない.」

前者は，「『医療側が利益を追求したい場合』と『リスクを回避したい場合』の二つが考えられる.」

「例えば，検査をすればするほど儲かる，治療をすればするほど儲かるといった状況であれば，売り上げや利益を上げるために過剰に診断したり，過剰に治療するようになる.」

「リスクを避けるために，必ずしも必要のない医療に走る動きもある.」

「この裏には，『・・・後から患者から責められると問題だ』『・・・重症化したら問題だ』と考える医療側の姿がある. ごくまれなリスクに過剰に反応して無用な医療に走ってしまうわけだ.」

（室井　絶対に受けたくない無駄な医療より [19]）

こうした背景の下，必要で有効な医療だけを見分けようという動きが大きくなっている. EBM では，臨床

研究の結果によりエビデンスがあるかどうかを示すのが今や当然となっている．そしてエビデンスにはレベルの低いものから高いものまで，エビデンス・ピラミッドとして区別されている（図 1.4.6）．

最も信頼度の低いエビデンスは専門家の個人的な経験と見解とされている．これより信頼性が高いのは過去の事例をまとめた研究，その上位には一定の人数（コホート）を将来に向けて追跡検証していくコホート研究などがある．さらに上位のエビデンスとしては，一定の人数を無作為に複数の群に分け，条件を変えたうえで追跡し群間を比べる無作為化比較試験がある．最上位のエビデンスとされているのは，複数の無作為化比較試験を併せて検討したシステマティックレビュー，多数の試験データを統合して検証するメタ解析である．信頼度の高い上位のエビデンスとは客観性の高さに他ならない．

EBM とは，「治る」という目的に繋がる「検査」「診断」「治療」「予防」．それぞれに高いレベルのエビデンスを追求することで，効率的な医療を達成しよういう動きである．

以上は根拠に基づいた医療の動きのレビューである．医療と維持管理は同じではないものの，習うべき点は多い．構造物に置き換えると，「性能を確保」するための「設計」「施工」「維持管理」「予防」「点検」「評価」「補修・補強」が必要であり，より高いレベルのエビデンスがそれぞれに求められている．再びアメリカでは，LTBPP（Long-Term Bridge Performance Program，橋梁長期性能プログラム）が 2006 年より 20 年間に渡って進められている．ここでは，目視による定性的な点検が必ずしも予測モデルの高度化に結び付いていないことを踏まえて，廃棄される橋梁の徹底的な「解剖的調査」も含めて実性能に関する精度の高いデータを得ることを目指している．

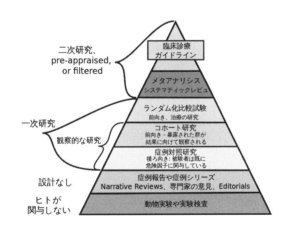

[文献 20）ウィキペディア：システマティック・レビュー，参照日 2021 年 6 月 25 日]

図 1.4.6 エビデンス・ピラミッド[20]

なお，近年では同様の考え方が様々な分野において展開されている．政策分野では根拠に基づく政策（Evidence Based Policy Making），教育分野では根拠に基づいた教育（Evidence Based Education）と呼ばれている．いずれにおいても，経験やストーリーに基づく実施を根拠の弱いものとし，より強固な統計に基づく実施を根拠のより強いものとして，企画・実行・確認していくものである．教育のように誰もが経験者であり一家言を持つ，または成功者が成功談を語るようなことは，それはそれで倣う価値があるものの根拠が弱い，とされる．構造物の維持管理は工学であると同時に政策でもある．政策の面からも今後より高いレベルの根拠が求められるであろう．

以上を振り返ると，医療では，「治る」という目的に必ずしも繋がらない「予防」「健診」「検査」「治療」を EBM で峻別しようとしている．これにより患者の様々な負担を軽減し，国全体の医療費の合理的な削減

にも繋げようとしている．これに習い，構造物の維持管理においては，「性能を確保する」という目的のために「設計」「点検」「評価」「対策」は，より高いレベルのエビデンスに基づく方向に進むのが理にかなっていると考えられる．本報告書では，「点検」と「評価」を対象としている．維持管理において重要である「対策」はここでは対象とはしていないが，「性能を確保する」ために「対策」にも従来より高いエビデンスが必要とされているのは明らかである．

（執筆者：松本高志）

1.5　本報告書の目的と構成

　本報告書では，構造性能評価に向けた点検と解析との関係を対象として，体系構築の試みとしてのブラインド部材性能評価の実施を行い，そこで得られた知見をまとめるものである．評価は解析が主な部分を占めているので，点検と解析の関係としてもいい．近年，耐荷性においても耐久性においても解析技術の進展は大きく進んでいる．一方で点検の技術も維持管理の時代を迎えて従来・新規共に多種多様の技術が投入されてきており，評価に向けた点検と解析の関係・体系を改めて見直すことには大きな意義があると考えられる．ここでは，設計図面がなく，内部損傷状態についても既存情報がない部材について，非破壊技術を含む点検を実施して解析評価に必要な入力値を推定して引き渡し，確定できない入力項目・モデル化項目については前提・仮定を明示した上で有限要素解析による構造性能評価を行っている．点検と解析においてはエビデンスを意識しながら条件・仮定・判断を吟味して評価を行い，最終的には構造解析結果を最後まで伏せられていた実験結果と比較している．以上のブラインド部材性能評価の実施を通して，エビデンスに基づく構造性能評価のための点検・解析の技術体系について検討するものである．

　第 1 章では，本委員会設置の背景説明に始まり，道路と鉄道分野の構造性能評価の現状・実務についてまとめるとともに，複合構造標準示方書に見られる点検と評価の現状と課題についてもまとめている．そして，根拠に基づく構造性能評価の技術体系のあり方を医療などの分野を補助線として用いて考察している．最後に本報告書の目的と構成を示して，土木分野および他の分野の用語の定義を示している．

　第 2 章では，本委員会において実施したブラインド部材性能評価について，目的を述べ，実施経過をまとめている．また，今回実施したブラインド部材性能評価の適用範囲を踏まえた留意点をまとめている．

　第 3 章では，部材載荷試験における，SRC 試験体，荷重条件，試験結果についてまとめている．また，結果の妥当性検討として，耐荷力の算定結果とそのばらつきを試験結果と比較考察している．

　第 4 章では，3 章の SRC 試験体について各種非破壊試験を行い，内部の鋼材（鉄骨・鉄筋）の有無および配置の推定，コンクリートの圧縮強度および静弾性係数の評価と引張強度の算出を行っている．損傷試験後の試験体内部の状態についても複数の非破壊試験方法で把握を行っている．評価結果は章末にまとめられている．

　第 5 章は，点検結果に基づく構造部材の性能評価として，4 章で得られた点検データを用いた解析によるSRC 部材の曲げ特性の評価を行っている．解析・評価は，3 名の担当者により行われており，定期点検相当の点検データを用いたレベル 1 と詳細点検相当の点検データを用いたレベル 2 の 2 段階を設定している．得られた知見は章末にまとめられている．

　第 6 章は，4 章と 5 章の点検と解析・評価の作業が概ね終わった段階で，委員会内で行ったフリーディスカッションの記録を座談会形式にまとめたものである．8 つのテーマについて議論を行い，そこから得られ

た知見と提言は 8 章にもまとめられている.

　第 7 章は，根拠に基づく構造性能評価に向けて，本委員会でのブラインド部材性能評価とその他の議論において得られた知見と視点を同じくする，もしくは本委員会には欠けている視点を与える，点検・解析・評価・対策の実施手順の事例を掲載している．ここでは，道路構造物の竣工検査，鉄道構造物の竣工検査，鉄道構造物における 3 次元の設計・施工・検査情報と FEM 解析による評価，鉄道における下部工診断法，が掲載されている.

　第 8 章は，複合構造物の構造検査と性能評価の高度化に向けた技術的な提言を述べるとともに，構造検査，時間軸上の様々な作用に対する構造性能評価，根拠に基づいた対策，について展望と課題を述べている.

（執筆者：松本高志）

1.6　用語の定義

　ここでは，学協会，示方書，事業体など，土木以外の分野も含めて，点検，検査，評価に関連する用語を調査・整理する.

　日本規格協会は以下のように試験と検査の定義を示している．日本非破壊検査協会においては，非破壊試験，非破壊検査，非破壊評価の定義を示している．両者は同じ定義を示しており，試験とは特性を確定することであり，検査とは適合性の確定を行うこととしている.

（日本規格協会より [21]　）

適合性評価

標準化教育プログラム　開発教材

7 章　検査と検査機関

試　　験：評価対象の特性を確定させる（通常は何らかのデータを示す）こと.

検　　査：試験の結果を用いたり，設計資料を解析する等の調査により，評価対象が一定の要求事項を満足すること（合格や不合格等）を判断するもの（適合性の確定）.

（日本非破壊検査協会より [22]）

JIS の用語

　非破壊試験（Nondestructive testing）JIS Z 2300（0126）

　素材や製品を破壊せずに，きずの有無・その存在位置・大きさ・形状・分布状態などを調べる試験．材質試験などに応用されることもある．放射線透過試験，超音波探傷試験，磁粉探傷試験，浸透探傷試験，渦流探傷試験，などがある．略記号は NDT を用いる.

　非破壊検査（Nondestructive inspection）JIS Z 2300（0125）

　非破壊試験の結果から，規格などによる基準に従って合否を判定する方法．略記号は NDI を用いる.

　非破壊評価（Nondestructive evaluation）JIS Z 2300（0127）

　非破壊試験で得られた指示を，試験体の性質又は使用性能の面から総合的に解析・評価すること．略記号

はNDE を用いる.

なお，試験と共によく使われる実験の定義は以下のとおりである[23].

> **実　　　験**：事柄の当否などを確かめるために，実際にやってみること．また，ある理論や仮説で考えられ
> ていることが，正しいかどうかなどを実際にためしてみること．「化学の実験」「実験を繰り返
> す」「新製品の効能を実験する」

　一方で，土木学会の 2014 年制定複合構造標準示方書は制定資料において，構造物の維持管理における点
検，評価，診断，検査などの用語について，種々の機関により異なる取り扱いがなされ混乱を招いている，
と指摘しており，各機関での用語の取り扱いを調査しまとめている．

（2014 年制定複合構造標準示方書　原則編［制定資料］　7.「6 章　維持管理」について　より抜粋[24]）
7.2　点検などの用語

　昨今，構造物の維持管理の重要性から点検，評価，診断，検査などの用語について，種々の機関により異
なる取り扱いがなされ混乱を招いている．そこで，本示方書では，各機関で点検などの用語の取り扱いを調
査した．その概要を以下に示す．

土木学会コンクリート標準示方書（2012 年版）
　診　　　断：点検，劣化予測，評価および判定を含み，維持管理において構造物や部材の変状の有無を調べ
て状況を判断するための一連の行為．
　点　　　検：診断において構造物や部材に異常がないか調べる行為の総称．
土木学会土木構造物共通示方書 I（2010 年制定）
　診　　　断：既存構造物が要求性能を満足しているかどうかを判定する行為．
　点　　　検：診断において構造物や部材に異常がないか調べる行為の総称．
道路橋定期点検要領　国土交通省道路局　H26.6
　点　　　検：道路橋の変状や道路橋にある附属物の変状や取付状態の異常を発見し，その程度を把握するこ
とを目的に，近接目視により行うことを基本として，道路橋や道路橋にある附属物の状態を検
査することをいう．
道路トンネル定期点検要領　国土交通省道路局　H26.6
　点　　　検：トンネル本体工の変状やトンネル内附属物の取付状態の異常を発見し，その程度を把握するこ
とを目的に，定められた方法により，必要な機器を用いてトンネル本体工の状態やトンネル内
附属物の取付状態を確認することをいう．
鉄道構造物等維持管理標準　国土交通省鉄道局　H19.1
　検　　　査：構造物の現状を把握し，構造物の性能を確認する行為．
　調　　　査：構造物の状況や，その周辺を調べる行為．
　判　　　定：構造物が性能を満たしているかどうかを定める行為．
海岸保全施設維持管理マニュアル　農林水産省・農村振興局防災課・水産庁防災漁村課，国土交通省・水管

理・国土保全局海岸室・港湾局海岸・防災課　　H26.3

点　　検：初回点検，巡視，異常時点検，定期点検の総称.

港湾の施設の点検診断ガイドライン【第1部　総論】　国土交通省港湾局　H26.7

点　　検：部材等に変状等がないか調べる行為.

点検診断：あらかじめ定めた項目及び方法により点検を行い，部材等の劣化度を判定する行為.

港湾荷役機械の点検診断ガイドライン　国土交通省港湾局　H26.7

点　　検：部材等に変状等がないか調べる行為.

点検診断：あらかじめ定めた項目及び方法により点検を行い，部材等の劣化度を判定する行為.

ダム総合点検実施要領　水管理・国土保全局　河川環境課長　H25.10.1

点　　検：構成要素の機能を検証するために，各種資料の整理・解析を実施すること，現地において施設・設備の劣化や損傷等に対して目視観察・機器等による計測等を実施することをいう.

一方，設備などでの点検・検査の取り扱いの一例として自動車に関する扱いを，以下に示す.

自動車の検査：国が一定期間ごとにチェックするもので，検査時において安全・環境基準に適合しているかどうかを確認しているもの.

自動車の点検・整備：自動車の保守管理責任はユーザー自身にある（自己管理責任）ことから，自動車ユーザー（自動車ユーザーが依頼した整備工場等を含む）が必要な時に点検し，その結果に基づき必要な整備をすること.

このように各機関や他分野での取り扱いも含めると，用語の取り扱いは多様である．しかし，用語の取り扱いによって，行われる維持管理の作業の段階と，必要とされる技術の質やレベルも異なるため，本来は重要なものである.

なお，点検と検査を区分した扱いを長きに渡り実施してきている機関や分野が存在していることや，点検は，総じて構造物の状態を調べる行為として，性能の評価や判定と区別している機関が多いことから，本示方書では，以下のように定義した.

点　　検：構造物に異常がないかを確認するとともに，構造物の性能評価を行うために必要な情報を得るための行為．評価等の判断行為を含まない.

評　　価：理論的確証のある方法を用いて，現有性能評価および性能予測を行うとともに，対策等の維持管理の実施を判断する行為.

　自動車においても法定点検と自動車検査（車検）があるが，法定点検と車検の違いの一例として，法定点検では吸気系部品の劣化状態を確認することで安全・快適な走行を維持できるが，車検では排気ガス検査はするものの部品の状態には触れない，という説明がある[25]．保守点検が適切に行われているかどうかを調べるのが法定検査・定期検査という関係になっており，これは自動車に限らず，エレベーターや浄化槽などでも同様である．ある意味，入口と出口，もしくは因果を押さえていることになる.

　医学用語も以下にもまとめる．診療において，検査は病気の診断のみならず治療の方針を決める助けとなるものであるとしている．自動車などでは，国による適合性検査，製造時の品質検査，点検の各検査項目，などがあり，どちらかというと各段階の出口を押さえている．この点が人の診療における検査とは異なる.

症 状 と 徴 候	生体が病気にかかったときに認められる変化を総括していう場合に用いる用語．頭痛，悪寒，発熱などの自覚症状と，聴打診その他の検査をしてわかる他覚症状とがある．後者を特に徴候と呼ぶことが多い [26]．
診　　　　　察	医師・歯科医師が患者の病状を判断するために，質問をしたり体を調べたりすること．医療行為の一つである [27]．
臨 床 検 査	人体に対して行われ，血液・尿・便などを調べたり，脳波・心電図などを測定したりする検査のことを臨床検査と呼ぶ．その目的は，「健康状態を知る」，「異常の原因を調べる（病気の診断）」，「治療方針を選択する」，「治療状態を確認する（効果判定）」などさまざまで，必要不可欠な情報である [28]．
臨床検査の種類	臨床検査は，患者から採取した血液や尿，便，細胞などを調べる「検体検査」と，心電図や脳波など患者を直接調べる「生理機能検査」の 2 つに大きく分けられる [16]．
診　　　　　断	診察などを行い健康状態や病状を判断すること．言葉としては生物以外にも用いられている [29]．
診　　　　　療	［名］（スル）医師が患者を診察し，治療すること．「土曜日は午前中のみ診療します」「診療中」[30]
健 康 診 断	診察および各種の検査で健康状態を評価することで健康の維持や疾患の予防・早期発見に役立てるものである．健診（けんしん），健康診査とも呼ばれる [31]．
検　　　　　診	病気を見つけるための検査・診察を指す．特定の病気を早期発見し，治療の準備に生かすことが目的 [32]．
治　　　　　療	病気やけがをなおすこと．病気を治癒させたり，症状を軽快にさせるための行為のことである [33]．
原 因 療 法	症状や疾患の原因を取り除く治療法で，対症療法と対置される．最終的に症状を取り除くには，対症療法や自然治癒力の助けが必要である．また，疾患の多くは直接の原因と複数の遠因が重なりあって起こるため，原因療法と対症療法の区別は相対的なものである． ・感染症に対する抗生物質，抗真菌薬，抗ウイルス薬の投与 ・がんに対する外科的治療（姑息手術を除く），化学療法，放射線療法など病気を治癒させたり，症状を軽快にさせるための行為のことである [34]．
対 症 療 法	疾病の原因に対してではなく，主要な症状を軽減するための治療を行い，自然治癒能力を高め，かつ治癒を促進する療法である．例えば，胃痛を訴える患者に対し，痛み止めだけを服用させるのは典型的な対症療法である [35]．

　機械分野や医療分野では用語の取り扱いに幅は見られない．土木の構造物維持管理分野においても用語の取り扱いを検討して幅を狭める取り組みが必要と考えられる．

　上記にも一部あったが，調査を踏まえて 2014 年制定複合構造標準示方書では下記の用語の定義を与えている．これらの定義は本報告書の文脈と概ね合致するものである．特に，点検において，「構造物に異常がないかを確認する」，「構造物の性能評価を行うために必要な情報を得る」の二点を明瞭に示しており，本報告書は後者の意味での点検と，評価における現有性能評価に用いる方法である解析との関係を検証していくものであると言える．

（2014年制定複合構造標準示方書　原則編　1.2用語の定義　より抜粋[24]）

照　　査：構造物が要求性能を満たしているか否かを，経験的かつ理論的確証のある解析による方法や，実物大等の供試体による確認実験等により判定する行為.

検　　査：品質が判定基準に適合しているか否かを判定する行為.

維持管理：構造物の供用期間において，構造物の性能を要求された水準以上に保持するための全ての行為.

点　　検：構造物に異常がないかを確認するとともに，構造物の性能評価を行うために必要な情報を得るための行為. 評価等の判断行為を含まない.

評　　価：理論的確証のある方法を用いて，現有性能評価および性能予測を行うとともに，対策等の維持管理の実施を判断する行為.

（執筆者：松本高志）

参考文献

1)　国土交通省HP：国土交通省道路局，道路メンテナンス年報，2020年9月

　　https://www.mlit.go.jp/road/sisaku/yobohozen/yobohozen_maint_index.html

2)　国土交通省道路局：道路橋定期点検要領，2019年2月

　　https://www.mlit.go.jp/road/sisaku/yobohozen/yobohozen.html（*）

3)　国土交通省道路局国道・防災課：橋梁定期点検要領，2019年3月　（（*）のURLにて公表）

4)　国土交通省国土技術政策総合研究所：道路構造物管理実務者研修（橋梁初級Ⅰ），道路橋の定期点検に関するテキスト，国土技術政策総合研究所資料第829号，2015年3月

　　http://www.nilim.go.jp/lab/bcg/siryou/tnn/tnn0829.htm

5)　国土交通省道路局国道・防災課：新技術利用のガイドライン（案），2019年3月　（（*）のURLにて公表）

6)　国土交通省道路局国道・防災課：点検支援技術性能カタログ（案），2020年6月　（（*）のURLにて公表）

7)　白戸真大，市川幸治：道路用定期点検要領の改定と合理化の取組み，積算資料 公表価格版，pp.38-42，2020年1月

8)　国土交通省HP：社会資本の老朽化対策情報ポータルサイト，各社会資本の老朽化の現状，

　　https://www.mlit.go.jp/sogoseisaku/maintenance/02research/02_01.html，2016年

9)　日本国有鉄道：土木構造物の取替標準（土木建造物取替の考え方），1974年

10)　財団法人鉄道総合技術研究所：鉄道構造物等維持管理標準・同解説（コンクリート構造物），丸善，2007年

11)　国土交通省：鉄道コンクリート構造物の維持管理の手引き，2020年

12)　例えば，菊池誠：構造物の管理を支援する，RRR，Vol.65，No.11，pp.26-29，2008

13)　土木学会：複合構造標準示方書，2014年

14)　コトバンク：ブリタニカ国際大百科事典 小項目事典，https://kotobank.jp/word/症状-79336，参照日2021年6月16日

15)　大辞林 第三版：検査，三省堂，2006年

16)　日本衛生検査所協会：臨床検査とは，http://www.jrcla.or.jp/atoz/wexm_01.html，参照日 2021 年 6

月 16 日

17) 日本臨床検査医学会：臨床検査のガイドライン JSLM2018, https://www.jslm.org/books/guideline/index.html, 参照日 2021 年 6 月 16 日

18) 日本医師会　会員の倫理向上に関する検討委員会（答申）：医の倫理綱領・医の倫理綱領注釈　平成 12 年 2 月 2 日, http://www.med.or.jp/nichinews/n120320u.html, 参照日 2021 年 6 月 16 日

19) 室井一辰：絶対に受けたくない無駄な医療, 日経 BP, 2014 年

20) ウィキペディア：システマティック・レビュー, https://ja.wikipedia.org/wiki/システマティック・レビュー, 参照日 2021 年 6 月 25 日

21) 日本規格協会：適合性評価, https://www.jsa.or.jp/jsa/jsa_std_bunya7/, 参照日 2021 年 6 月 16 日

22) 日本非破壊検査協会：非破壊検査とは, http://www.jsndi.jp/aboutus/aboutus02.html, 参照日 2021 年 6 月 16 日

23) コトバンク：デジタル大辞泉, https://kotobank.jp/word/実験-74017, 参照日 2021 年 6 月 16 日

24) 土木学会：2014 年制定複合構造標準示方書, 2015 年

25) グーネット：法定点検の基本, https://www.goo-net.com/pit/magazine/30003.html, 参照日 2021 年 6 月 16 日

26) コトバンク：ブリタニカ国際大百科事典 小項目事典, https://kotobank.jp/word/症状-79336, 参照日 2021 年 6 月 16 日

27) ウィキペディア：診察, https://ja.wikipedia.org/wiki/診察, 参照日 2021 年 6 月 16 日

28) 東京大学医学部付属病院検査部：臨床検査とは？, http://lab-tky.umin.jp/patient/kensa.html, 参照日 2021 年 6 月 16 日

29) ウィキペディア：診断, https://ja.wikipedia.org/wiki/診断, 参照日 2021 年 6 月 16 日

30) コトバンク：デジタル大辞泉, https://kotobank.jp/word/診療-539283, 参照日 2021 年 6 月 16 日

31) ウィキペディア：健診, https://ja.wikipedia.org/wiki/健診, 参照日 2021 年 6 月 16 日

32) ドクターズ・ファイル：健診と検診の違いとは？, https://doctorsfile.jp/h/66911/mt/1/, 参照日 2021 年 6 月 16 日

33) ウィキペディア：治療, https://ja.wikipedia.org/wiki/治療, 参照日 2021 年 6 月 16 日

34) ウィキペディア：原因療法, https://ja.wikipedia.org/wiki/原因療法, 参照日 2021 年 6 月 16 日

35) ウィキペディア：対症療法, https://ja.wikipedia.org/wiki/対症療法, 参照日 2021 年 6 月 16 日

第 2 章　ブラインド部材性能評価

2.1　概要

　本委員会では，既設構造物の要求性能の満足度を客観的に評価する手法の確立に資することを念頭に置き，現状の点検・調査データおよび解析手法の性能評価に対する有用性と信頼性を明確にするために，ブラインド部材性能評価を実施することとした．

　今回のブラインド部材性能評価はブラインド・テストの一種であり，ブラインド・テストはラウンドロビン・テスト（Round Robin Test, RRT）とも呼ばれる．RRT とは，「測定者の技量を含めて測定方法や測定装置の信頼性を検証するために，複数の試験機関に同一試料を回して測定を行う共同作業の一方法.」である[1]．一般的に，土木構造分野での RRT では，ある構造部材の載荷実験の結果（荷重－変位曲線，損傷・破壊形態など）に対して，実験結果を知らされずに材料特性・構造諸元・載荷条件などのみを与えられている複数の参加者が構造解析を実施した後に，実験結果と解析結果を比較して解析手法の妥当性や精度を検証するものである．土木構造分野の RRT は従来より国内外で多数行われており，主として進展著しい構造解析技術の再現・予測性能の継続的な検証であるといえる．また，点検分野においても，上記 RRT の定義のように，同一の構造部材に対して複数の参加者が非破壊計測を行って，材料特性の取得，補強材量や位置の計測，欠陥・亀裂の検出・計測，損傷・劣化度の計測などの精度を検証する作業が多数行われている．

　今回のブラインド部材性能評価は維持管理時代の RRT を試みるものであると言える．**図 2.1.1** に実施フローチャートを示す．委員会内で主体を 3 つに区分し，載荷実験を実施する事務局，点検を実施する参加者，解析・評価を実施する参加者，とした．参加者は委員会内で募集している．設計図書などが失われている既設構造物を想定した 2 体の部材について，点検参加者は材料特性・構造諸元は知らされずに部材の点検を実施した．解析参加者は，載荷実験結果は知らされずに，定期点検相当の点検データ（レベル 1）と詳細点検相当の点検データ（レベル 2）に基づいて各レベルの解析と評価を実施した．最後に点検参加者は材料特性・構造諸元の開示を受け，解析担当者はこれらに加えて載荷実験結果の開示を受けて，比較検証を行った．また，点検結果と解析結果の関係の検証を行っている．

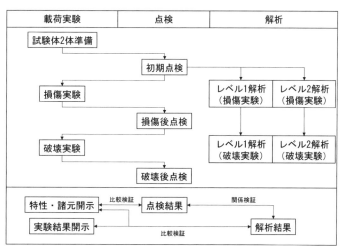

図 2.1.1 ブラインド部材性能評価の実施フローチャート

2.2　目的

　エビデンスに基づいた実効性の高い部材性能評価のための点検，解析，評価の技術と体系を検証する試みを行うことを今回のブラインド部材性能評価の目的とする．

　エビデンスに基づくためには，点検および解析で用いられる値について，その確からしさと耐力評価における重要性を検証し，実効性の高い部材性能評価のためには，支配的な値に絞り込んで耐力評価を精度良く実施することが重要である．点検，解析，評価の技術の一連の流れの中での留意点，注力点などの検証も全体から見て検証して行く．

2.3　実施経過

　点検，解析，評価の詳細については 3 章以降で述べられる．ここでは実施経過をまとめて示す（**表 2.3.1**）．委員会は 2016 年 6 月より活動を開始している．5 回にわたって委員会での話題提供を経たのちに，ブラインド部材性能評価の検討と準備を進めた．委員会内で参加募集を募り，2018 年 4 月に参加者の取りまとめを済ませた．SRC 部材 2 体を載荷実験実施機関に搬入して，5 月に初期点検，6 月に損傷実験，6～7 月に損傷後点検，7 月に破壊実験を実施した．9 月には解析参加者が必要とする入力値の調査を行い，12 月までには解析による評価に 2 つのレベルを設けることを議論の末に決定した．また，点検と解析の参加者の間を介するリエゾン（連携担当）を決めた．2019 年 1 月にレベル 1（定期点検相当）の点検データを解析参加者に引き渡してレベル 1 解析が着手され，2～3 月にレベル 2（詳細点検相当）の点検データを同様に引き渡してレベル 2 解析が着手された．解析が終了した時期を見計らい，9 月に解析参加者に材料特性・構造諸元および載荷実験結果の開示を，点検参加者に材料特性・構造諸元の開示を行った．開示したファイルはクラウドフォルダに収納して任意のタイミングで参加者が入手できるようにした．2019 年 10 月の委員会にて解析と実験結果の比較および点検と解析の関係を検証した．2020 年のコロナ禍による委員会活動への影響をはさんで，2021 年 4 月の委員会でパネルディスカッションを実施してブラインド部材性能評価全体の検証を行った．

表 2.3.1 ブラインド部材性能評価の実施経過

2018 年 4 月	参加者取りまとめ
2018 年 5 月	初期点検
2018 年 6 月	損傷実験
2018 年 6～7 月	損傷後点検
2018 年 7 月	破壊実験
2018 年 9 月	破壊後点検，解析が必要とする入力値調査
2018 年 12 月	解析の 2 レベル決定，リエゾン担当者決定
2019 年 1 月	レベル 1 の点検データ引き渡し→レベル 1 解析
2019 年 2～3 月	レベル 2 の点検データ引き渡し→レベル 2 解析
2019 年 9 月	解析へ材料特性・構造諸元および載荷実験結果の開示 点検へ材料特性・構造諸元の開示
2019 年 10 月	委員会にて比較・関係を検証
2021 年 4 月	委員会にてパネルディスカッションを実施して検証

2.4　留意点

　今回のブラインド部材性能評価におけるいくつかの留意点を以下に示す．今回は試行錯誤を経ての試みであり，実務の状況とは異なる点などもあるからであり，また，実施してみて気づいた点もあるためである．

　作業の順序としては，点検を解析より先に実施した．この順序自体は一般的であるが，その際，解析で点検から得ることを必要とする項目などについての議論が終わっていなかったため，点検は必要項目が明瞭でない状況下で持ちうる技術で測れるものを全て測るという作業となり，点検としては違和感のある作業となってしまった．また，本来は今回のブラインド部材性能評価を踏まえた知見に基づけば，必要な項目が伝えられて点検が実施されるべきであることをここに記しておく．

　今回は点検の各種技術による計測が実施されたが，計測結果はそのまま渡されても解析側が理解することは容易ではない．ゆえに上記のとおり必要項目をあらかじめ決めておく必要もあるのだが，今回はこのリンクが議論の対象であったゆえに決まっていなかった．よって，今回は点検と解析の間にリエゾン（連携担当）を立てて介し，リエゾンが点検側の説明を受けた後に解析側が必要とする項目・値に整理をすることで，点検と解析の関係を繋ぐこととした．

　試験体と性能の評価については，SRC 部材を荷重作用の下で曲げ耐力を評価している．今回は，既に製作済みだが未載荷で存置されていた SRC 部材を流用して実施した．点検および解析にはそれぞれ適用範囲があり，本来はそれぞれの適用可能かつ検証容易な条件で試験体を設計・製作して実施するのがよりよかったと言える．しかしながら，最初に試験体ありきで始まったため，必ずしもこのような本来の条件にはなっていない．例えば，実構造物と比較して寸法が小さい今回の試験体では，点検技術の種類によっては適用範囲外のものもあることに留意しなければいけない．本報告書の知見は今回の諸条件に基づく範囲内に限られることに注意が必要である．

　今回の点検においては各種技術が用いられて詳細な計測が実施された．一方で，事業体の実務では点検は定期点検や詳細点検と頻度と詳細度を区分して運用されている．今回のブラインド部材性能評価においても 2 段階程度の詳細度区分で行うのがよいとのことで様々な議論がなされた．結果的に，実務における評価を想定して，定期点検相当のレベル 1 と詳細点検相当のレベル 2 の 2 段階を設定した．レベル 1 は目視で得られる寸法，支持条件，ひび割れ図を用いた評価であり，レベル 2 はレベル 1 に非破壊試験の結果を加えて用いた評価である．

　今回の試みにおける点検と実務における点検との比較をすると，通常の詳細点検は非破壊試験のみに頼ることはなく，コア抜きやはつり調査を行い，強度，鉄筋径，かぶり厚さ，腐食や中性化の進行状況などを測定する．一方で今回の点検ではこうした方法は含まれていない．今回はより難易度の高い状況を想定した非破壊試験のみの点検を実施していることにも留意が必要である．

（執筆者：松本高志）

参考文献

1) ウィキペディア：ラウンドロビン・テスト，https://ja.wikipedia.org/wiki/ラウンドロビン・テスト，参照日 2021 年 1 月 2 日

第3章　部材載荷試験

3.1　概要

　ブラインド部材性能評価は，一方向に静的荷重を加えた SRC はり試験体を対象にする．軸方向鉄筋量のみが異なる 2 体の SRC はり試験体を作製し，載荷試験を 2 段階に分けて実施した．本章では，載荷試験の概要と結果をまとめた．

3.2　試験体

　コンクリート断面に鉄骨と鉄筋を埋め込んだ SRC はり試験体を 2 体作製した．試験体の諸元を表 3.2.1 に示す．部材長は 1200mm，断面幅と断面高さは 400mm とした．試験体の概略図を図 3.2.1 に示す．2 体の試験体では軸方向鉄筋のみが異なる．これらの試験体では，載荷中の鉄骨とコンクリートの一体性（断面の平面保持則）を確認するために，スパン中央から両支点に向かって±200mm 間隔の断面ごとに，圧縮鉄筋，鉄骨の圧縮フランジ，ウェブ中央，引張フランジ，引張鉄筋にそれぞれひずみゲージを貼付した．

　コンクリートの示方配合を表 3.2.2 に示す．コンクリートの呼び強度は 27MPa である．鉄骨の周りにコンクリートを充填させるため，フレッシュコンクリートのスランプは 20.5cm，空気量は 4.0%とした．コンクリートの材料試験結果を表 3.2.3 に示す．表の材料試験結果は，直径 100mm×高さ 200mm の円柱テストピース 3 体の平均値を示した．圧縮強度試験の前には，テストピース 3 体の共鳴振動試験を行い，1 次共鳴振動数から動弾性係数を推定した．鉄筋の引張試験結果を表 3.2.4 に示す．表中には，ミルシートに記載されていた鉄骨の材料特性も併記した．鉄骨の降伏ひずみは，静弾性係数 200GPa を仮定して計算した．

表 3.2.1　試験体の諸元一覧

試験体名	部材長さ (mm)	断面寸法 (mm)	断面の有効高さ (mm)	H 鋼の寸法 $h×b×t_w×t_f$ (mm)	軸方向鉄筋	スターラップ (mm)	鋼材比 (%)
No.1	1200	400×400	350	200×200×8×12	D13×8 本	D10@150	4.5
No.2	1200	400×400	350	200×200×8×12	D22×10 本	D10@150	6.3

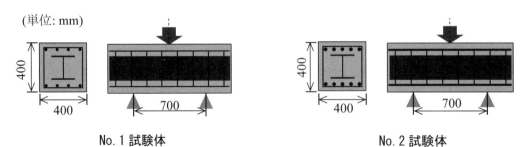

図 3.2.1　試験体の概略図

表 3.2.2 コンクリートの示方配合

骨材の 最大寸法 (mm)	水セメ ント比 (%)	細骨 材率 (%)	単位量(kg/m³)				
			水 W	セメント C	細骨材 S	粗骨材 G	AE 減水剤
20	46.5	41.5	198	426	679	998	4.26

表 3.2.3 コンクリートの材料特性

圧縮強度 (MPa)	引張強度 (MPa)	静弾性係数 (GPa)	動弾性係数 (GPa)	質量密度 (kg/m³)
40.0	3.47	27.6	32.5	2330

表 3.2.4 鋼材の材料特性

	降伏強度 (MPa)	静弾性係数 (GPa)	引張強さ (MPa)	降伏ひずみ (×10⁻⁶)
鉄筋 D10	402	196	576	2050
D13	373	193	567	1930
D22	382	195	561	1960
鉄骨	308	200	438	1540

3.3 荷重条件

載荷試験の概略図を図 3.2.1 に示した．SRC はり試験体をスパン 700mm の単純支持に設置し，スパン中央の鉛直方向に静的荷重を加えた．スパン中央に鉛直変位計を設置し，両支点上にも変位計を設置した．試験体の有効高さを引張鉄筋の図心位置とした時のせん断スパン比は 1.00 である．複合構造標準示方書[1]を参照して，断面の平面保持則を仮定した SRC はり試験体の曲げせん断耐力比は，No.1 試験体が 1.49，No.2 試験体が 1.06 であった．

載荷試験は 2 段階（損傷試験と破壊試験）に分けて実施した．最初の損傷試験では，スパン中央の引張鉄筋に貼付したひずみゲージの値が 1000×10^{-6} に達したことを確認して，荷重を除荷した．このときの荷重は，No.1 試験体が 1000kN 程度，No.2 試験体が 1500kN 程度であった．その後の破壊試験では，部材降伏後に荷重を保持することを確認し，試験体の中央変位が 10mm 程度に達した後に荷重を除いた．

3.4 結果

損傷試験および破壊試験によって得られた荷重-変位関係を図 3.4.1 に示す．本実験では損傷試験終了時の変位とひずみの値を，破壊試験開始時のイニシャル値として引き継いでいる．図の損傷試験では，No.1 および No.2 試験体ともに除荷後の残留変位は小さかった．No.1 および No.2 試験体の損傷試験載荷時の外観写真とひび割れ図をそれぞれ図 3.4.2 および図 3.4.3 に示す．載荷時のひび割れの幅は 0.1mm 程度であり，外観は軽微な損傷状態であった．No.1 試験体では，曲げひび割れと斜めひび割れが確認されたが，No.2 試験体では，曲げひび割れよりも斜めひび割れが顕著に確認できた．

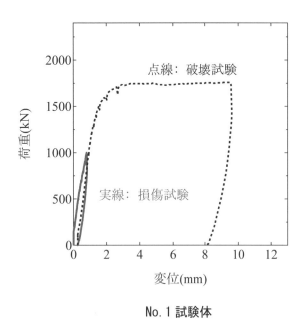

No.1 試験体

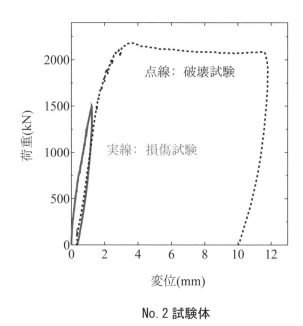

No.2 試験体

図 3.4.1　荷重-変位関係

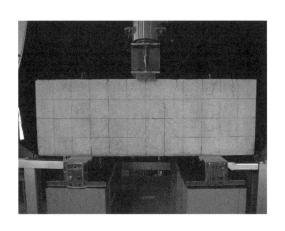 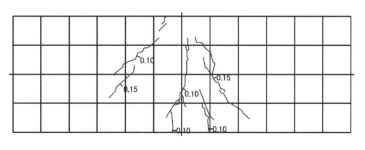

図 3.4.2　No.1 試験体の外観写真とひび割れ図（損傷試験）

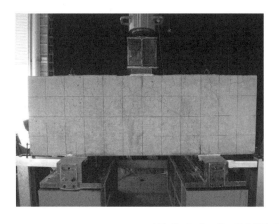 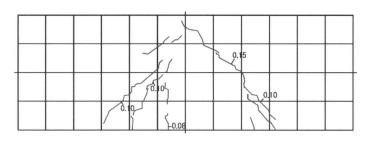

図 3.4.3　No.2 試験体の外観写真とひび割れ図（損傷試験）

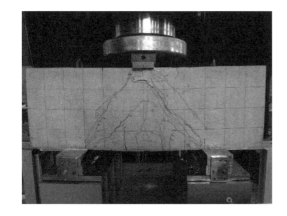
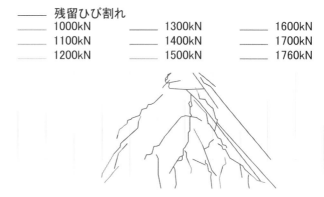

図 3.4.4　No.1 試験体の外観写真とひび割れ図（破壊試験）

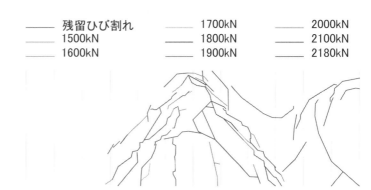

図 3.4.5　No.2 試験体の外観写真とひび割れ図（破壊試験）

　図 3.4.1 に示した 2 体の荷重-変位関係より，破壊試験後の残留変形は 8-10mm 程度であった．破壊試験載荷時の外観写真とひび割れ図を図 3.4.4 と図 3.4.5 に示す．2 つの試験体では，いずれも斜めひび割れが大きく進展しており，特に No.2 試験体の外観変状ではせん断破壊性状が顕著に表れた．しかし，図 3.4.1 の荷重-変位関係では，2 つの試験体ともに大きな荷重の低下はなく，最大荷重程度を維持した．これは鉄骨ウェブのせん断補強効果によるものと考えられ，充腹型 SRC 構造の特性でもある．

　No.1 試験体のスパン中央における断面のひずみ分布を図 3.4.6 に示す．また，そのひずみ値を表 3.4.1 に示す．図のプロットは，上から順に圧縮鉄筋，鉄骨の圧縮フランジ，ウェブ中央，引張フランジ，引張鉄筋のひずみを示している．破壊試験のデータについては，最大荷重に至るまで 500kN ごとのひずみ分布を示した．図中には，圧縮鉄筋と引張鉄筋の 2 点を結んだ直線を併記した．図 3.4.6 および表 3.4.1 より，No.1 試験体の損傷試験（荷重 1000kN）と破壊試験（荷重 1500kN）のいずれにおいても，断面の平面保持則が保たれていたと考えられる．

　一方，図 3.4.7 と表 3.4.2 に示す No.2 試験体の断面ひずみでは，損傷試験の荷重が 1000kN から 1500kN に上がる段階において，鉄骨の圧縮および引張フランジのひずみが増加しなかった．この荷重ステップの間に広範囲にわたって鉄骨の滑りが生じたものと推察される．

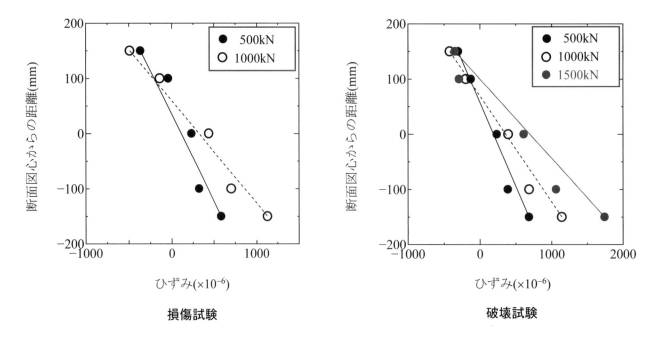

損傷試験　　　　　　　　　　　破壊試験

図 3.4.6　No.1 試験体のスパン中央における断面のひずみ分布

表 3.4.1　No.1 試験体のスパン中央のひずみ値

損傷試験

荷重(kN)	圧縮鉄筋	圧縮フランジ	ウェブ中央	引張フランジ	引張鉄筋
500	−365	−41	233	323	588
1000	−488	−140	439	706	1130

破壊試験

荷重(kN)	圧縮鉄筋	圧縮フランジ	ウェブ中央	引張フランジ	引張鉄筋
500	−305	−127	236	390	686
1000	−420	−196	395	688	1140
1500	−349	−290	613	1060	1740

Note: ひずみ値は 10^{-6} 単位で表した.

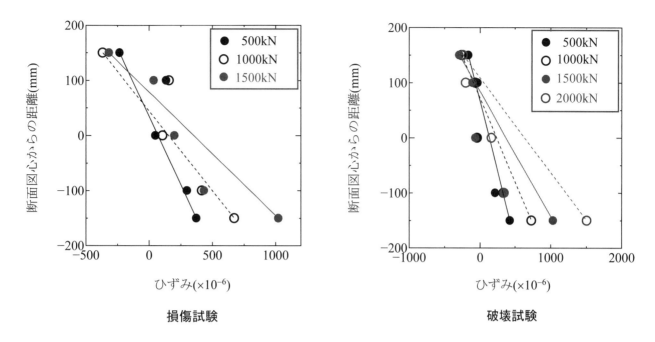

図 3.4.7　No. 2 試験体のスパン中央における断面のひずみ分布

表 3.4.2　No. 2 試験体のスパン中央のひずみ値

損傷試験

荷重(kN)	圧縮鉄筋	圧縮フランジ	ウェブ中央	引張フランジ	引張鉄筋
500	−232	135	50	299	373
1000	−366	158	107	417	673
1500	−317	37	200	434	1020

破壊試験

荷重(kN)	圧縮鉄筋	圧縮フランジ	ウェブ中央	引張フランジ	引張鉄筋
500	−165	−35	−47	215	429
1000	−258	−66	−41	335	732
1500	−290	−106	−66	352	1030
2000	−238	−201	162	348	1510

Note: ひずみ値は 10^{-6} 単位で表した.

　なお，本実験ではスパン中央から±200mm（両支点から150mm）位置での断面のひずみ分布も測定している．しかし，せん断スパン比 1.0 の載荷試験において，両支点付近の断面では平面保持則による曲げの挙動は確認されず，ひずみゲージの値に有意な傾向は見出せなかった．

表 3.5.1　実験と算定による降伏荷重の比較

試験体名	実験結果(kN)	算定結果(kN)
No.1	1580	1390
No.2	---	2280

Note: No.2 試験体では最大荷重に至るまでに引張鉄筋の降伏は認められなかった.

表 3.5.2　実験と算定による最大荷重の比較

試験体名	実験結果(kN)	算定結果(kN)	
		曲げ	せん断
No.1	1760	1780	2660
No.2	2180	2720	2890

3.5　結果の妥当性検討

3.5.1　耐荷力の評価

　載荷試験では，試験体を設計する際に求めた耐荷力の算定結果と実験結果を比較することにより，実験の妥当性を確認している．以降は 3 章の補足的な位置づけとして，これらの算定結果と実験結果の比較を示し，試験体の耐荷特性に影響する因子について考察する．

　複合構造標準示方書 [1] に準じて，鉄筋降伏時の荷重と，曲げおよびせん断破壊に対する最大荷重を算定した．材料強度は，表 3.2.3 と表 3.2.4 に示した鋼材とコンクリートの材料特性を用いた．実験および算定された耐荷力の比較を表 3.5.1 と表 3.5.2 に示す．表 3.5.1 の曲げ降伏荷重について，No.1 試験体では実験結果（1580kN）と算定結果（1390kN）が得られたが，両者の整合性は，荷重のばらつきの範囲内にあると判断された（後述の 3.5.2 を参照）．複合構造標準示方書では，降伏荷重を算定する際に，断面の平面保持を仮定している．これに対して，実験でのひずみゲージの値（図 3.4.6 と表 3.4.1）でも，No.1 試験体は鉄筋降伏時（1580kN）まで断面の平面保持則が保たれていることから，No.1 試験体は設計通りの曲げ挙動になったと考えられる．なお，No.2 試験体については，最大荷重に至るまでに引張鉄筋の降伏は認められなかった．

　表 3.5.2 の最大荷重についても，No.1 試験体では実験結果（1760kN）と算定結果（1780kN）が良好に対応した．このことから，No.1 試験体は設計通りに曲げ挙動を呈したと考えられる．一方，No.2 試験体の実験結果（2180kN）は，算定結果（2720kN）よりも小さい最大荷重となった．なお，表に示したように，No.2 試験体の曲げとせん断耐力の算定結果は概ね等しい値である．一般的なせん断破壊型の RC 部材であれば，せん断耐力のばらつきが大きいため，実験結果が予想した最大荷重よりも小さくなることがある．そこで，次節では SRC はり試験体の曲げおよびせん断耐力のばらつきを検討する．

3.5.2　モンテカルロ・シミュレーションの概要

　SRC はり試験体の曲げおよびせん断耐力のばらつきを検討する．耐荷力に影響する様々な因子が考えられるが，ここでは不確定性をコンクリート，鉄筋，鉄骨の材料強度のばらつきに包括してモンテカルロ・シミ

ュレーションを行い，SRC はり試験体の曲げおよびせん断耐力の統計量を整理した．

　モンテカルロ・シミュレーションの試行回数は 10 万回とした．検討ケースは，i）コンクリートの圧縮強度，ii）鋼材（鉄筋と鉄骨）の降伏強度，および iii）全ての材料強度，に対して正規分布を仮定して，変動係数 10%を一律に与えた [2]．なお，本実験ではテストピースによる材料強度試験を行っているため，試験体の材料強度がこれほどばらつくことはない．一方，本検討は，SRC 構造物の点検において非破壊試験の推定強度にばらつきがある場合など，材料強度のばらつきが SRC 部材の曲げおよびせん断耐力の評価に及ぼす影響を示すものであり，本委員会の報告書に含めることは有意義と考えた．

　複合構造標準示方書では，曲げに対する降伏荷重と最大荷重の算定において，鉄骨とコンクリートの一体化による断面の平面保持則を仮定している．曲げ耐力の算定の中で，上記 i)-iii)の検討ケースに応じて，材料の応力–ひずみ関係に強度のばらつきを反映させた．

　また，せん断耐力の算定では，コンクリート部材の分担力 V_c と鉄骨の分担力 V_s の累加を考える [1]．曲げと同様に，コンクリートの圧縮強度には変動係数 10%のばらつきを与えるが，コンクリート圧縮強度からコンクリートせん断強度を換算する際には大きなばらつきが伴う．そこで，せん断耐力の算定では，最初に変動係数 10%のばらつきを与えたコンクリート圧縮強度を求め，この圧縮強度に基づくコンクリートせん断強度を用いて V_c を算定する際に，さらに 25%のばらつきを与えた [2,3]．

　一方，せん断に対する鉄骨の分担力 V_s は，鋼材のミーゼス応力に基づいて算定される．鋼材のせん断強度は降伏強度を 1.732 で除したものであり，これに断面積を乗じて鉄骨の分担力 V_s が求まる．このため，降伏強度のばらつきと同様に，V_s の算定値に変動係数 10%のばらつきを与えた．

3.5.3　モンテカルロ・シミュレーションの結果

　No.1 および No.2 試験体の解析結果をそれぞれ表 3.5.3 と表 3.5.4 に示す．2 つの試験体では，コンクリート強度に 10%のばらつきを与えても，曲げによる降伏荷重は 1%程度，最大荷重でも 2%程度しか変動しなかった．これは軸力の作用しない SRC 断面の曲げ耐力の算定において，コンクリート強度の影響が小さいことを示唆している．一方，コンクリート強度のばらつきに伴って，せん断耐力は 15%程度の大きな変動を示した．No.1 および No.2 試験体のせん断耐力を算定する際には，コンクリート強度の評価が重要であることが示された．

　鋼材強度のみ変動係数 10%のばらつきを与えた場合には，曲げによる降伏荷重は 9%程度変動しており，ほぼ鋼材の強度特性によって降伏荷重が決定することが示唆された．最大荷重でも 6%程度の変動が示されており，鋼材強度は主要な影響因子であることが確認できた．一方，せん断耐力では 6%程度の変動であり，前記のコンクリート強度の影響と比較すると，鋼材強度の影響は大きくなかった．

　全ての材料強度にばらつきを与えた場合は，No.1 と No.2 試験体のいずれも，曲げによる降伏荷重の変動は 9%程度，曲げ耐力の変動は 6%程度，そしてせん断耐力の変動は 16%程度であった．表に示した曲げおよびせん断耐力の評価のばらつきは，一般的な RC 部材の場合と同様であり [2,3]，SRC はり試験体のせん断耐力も大きなばらつきが伴うことが示された．

　表 3.5.4 より，No.2 試験体の全ての材料強度にばらつきを与えた場合（ケース iii）は，せん断耐力の平均値は 2890kN，データの 95%は 1950〜3830kN の範囲に含まれる．載荷試験における No.2 試験体の最大荷重験値は 2180kN（表 3.5.2）であり，このばらつきの範囲にあることが確認できた．

表 3.5.3　No.1 試験体の耐荷力の算定結果

ケース i (コンクリート強度のみ変動)

	コンクリート 圧縮強度 (MPa)	鉄筋の 降伏強度 (MPa)	鉄骨の 降伏強度 (MPa)	曲げによる降 伏荷重 (kN)	曲げによる最 大荷重 (kN)	せん断破壊時 の荷重 (kN)
95%下限値	31.9	373	308	1370	1710	1900
平均値	39.9	373	308	1400	1780	2660
95%上限値	47.9	373	308	1430	1850	3420
変動係数(%)	10	0	0	1.0	2.0	14.3

ケース ii (鋼材強度のみ変動)

	コンクリート 圧縮強度 (MPa)	鉄筋の 降伏強度 (MPa)	鉄骨の 降伏強度 (MPa)	曲げによる降 伏荷重 (kN)	曲げによる最 大荷重 (kN)	せん断破壊時 の荷重 (kN)
95%下限値	40.0	299	246	1140	1570	2330
平均値	40.0	373	308	1390	1790	2660
95%上限値	40.0	447	370	1640	2010	2990
変動係数(%)	0	10	10	8.9	6.2	6.2

ケース iii (全ての材料強度を変動)

	コンクリート 圧縮強度 (MPa)	鉄筋の 降伏強度 (MPa)	鉄骨の 降伏強度 (MPa)	曲げによる降 伏荷重 (kN)	曲げによる最 大荷重 (kN)	せん断破壊時 の荷重 (kN)
95%下限値	31.9	299	246	1140	1550	1830
平均値	39.9	373	308	1390	1780	2660
95%上限値	47.9	447	370	1640	2010	3500
変動係数(%)	10	10	10	9.0	6.5	15.7

表 3.5.4　No.2 試験体の耐荷力の算定結果

ケース i（コンクリート強度のみ変動）

	コンクリート圧縮強度 (MPa)	鉄筋の降伏強度 (MPa)	鉄骨の降伏強度 (MPa)	曲げによる降伏荷重 (kN)	曲げによる最大荷重 (kN)	せん断破壊時の荷重 (kN)
95%下限値	31.9	382	308	2260	2660	2010
平均値	39.9	382	308	2290	2720	2880
95%上限値	47.9	382	308	2320	2790	3750
変動係数(%)	10	0	0	0.7	1.2	15.1

ケース ii（鋼材強度のみ変動）

	コンクリート圧縮強度 (MPa)	鉄筋の降伏強度 (MPa)	鉄骨の降伏強度 (MPa)	曲げによる降伏荷重 (kN)	曲げによる最大荷重 (kN)	せん断破壊時の荷重 (kN)
95%下限値	40.0	306	246	1870	2400	2560
平均値	40.0	382	308	2280	2720	2890
95%上限値	40.0	458	370	2700	3040	3220
変動係数(%)	0	10	10	9.1	5.8	5.7

ケース iii（全ての材料強度を変動）

	コンクリート圧縮強度 (MPa)	鉄筋の降伏強度 (MPa)	鉄骨の降伏強度 (MPa)	曲げによる降伏荷重 (kN)	曲げによる最大荷重 (kN)	せん断破壊時の荷重 (kN)
95%下限値	32.0	308	246	1870	2400	1950
平均値	39.9	383	308	2280	2720	2890
95%上限値	47.8	458	370	2690	3040	3830
変動係数(%)	9.9	10	10	8.9	5.9	16.3

（執筆者：内藤英樹，安保知紀）

参考文献

1)　土木学会：複合構造標準示方書 設計編，2014 年

2)　近栄一郎，八嶋宏幸，内藤英樹，松崎裕，山洞晃一，鈴木基行：凍結融解を受けた RC はりの安全性評価に関する基礎的研究，構造工学論文集，Vol.63A, pp.784-794, 2017.7

3)　中田裕喜，渡辺健，渡邊忠朋，谷村幸裕：せん断スパン比に対する連続性を考慮した RC 棒部材の設計せん断耐力算定法，土木学会論文集 E2, Vol.69, No.4, pp.462-477, 2013

第4章   点検

4.1   概要

　本章では，試験体内部の鋼材（鉄骨・鉄筋）の有無および配置を，「弾性波トモグラフィ法」，「超音波法」，「電磁波レーダ法」，「電磁誘導法」により推定することを試みた．また，コンクリートの物性値として，圧縮強度および静弾性係数を，「反発度に基づく方法」，「超音波法で得られた伝搬速度に基づく方法」，「機械インピーダンスに基づく方法」，「衝撃弾性波法で得られた伝搬速度に基づく方法」および「衝撃弾性波法で得られた卓越周波数に基づく方法」によりそれぞれ評価した．なお，コンクリートの引張強度については，コンクリート標準示方書を参照して，推定した圧縮強度から算出した．

　損傷試験後の試験体内部の状態は，「弾性波トモグラフィ法」および「局所振動試験」により把握した．

（執筆者：内田慎哉）

4.2　鋼材の配置

4.2.1　鉄骨の有無

（1）弾性波トモグラフィ法

a）原理

　一般的な超音波法と基本原理は同じであるが，使用する振動様式が横波（通常は縦波）および送受信を行う探触子の数量が複数（通常は 1 つまたは 2 つ），表示形式が色画像（一般的には波形）といった違いがある．本弾性波トモグラフィ法の装置は，X 線が透過困難である厚さの大きい部材，片側にしかアクセスできない条件下，電磁波レーダでは検知が難しい鉄筋下の情報を得たいといったケースで使用されている．また，一般的な超音波法で使用する接触媒質が不要なドライカップリング方式を採用しているため，測定が迅速で作業性に優れている．しかしながら，装置の大きさから測定面にはある程度の大きさが必要である．

　測定に際しては，アレイ型 DPC センサ（4×12 列，48 個のプローブが配置）を躯体表面に押付け，躯体内部に超音波を伝搬させる．躯体内部を伝搬する超音波は，超音波伝搬特性（音響インピーダンス）が極端に異なる境界で反射し，その反射波をアレイ型センサで再び受信する．測定の結果は，合計 1056 通りの路程信号を演算・合成した色の強弱で断面画像（B スコープ）として瞬時に視覚化される．

　弾性波トモグラフィ法の測定概念図を**図 4.2.1** に，装置の技術仕様を**表 4.2.1** に示す．

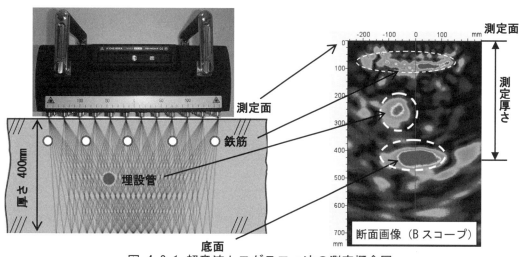

図 4.2.1　超音波トモグラフィ法の測定概念図

表 4.2.1　超音波トモグラフィ法で使用した装置の技術仕様[1]

[文献 1）日本マテック株式会社：コンクリート用超音波トモグラファー探傷システム A1040 MIRA，参照日 2021 年 5 月 26 日]

項目	仕様	項目	仕様
最小探傷範囲	50mm	PC インターフェース	USB
最大探傷範囲	2000mm	動作温度範囲	-10℃～50℃
最小欠陥検出寸法	深さ 100mm で直径 50mm	寸法	380×130×140mm
モニター画面寸法	5.7 インチ TFT カラー	重量	4.5kg
内臓メモリ	Flash-memory	プローブ周波数	50kHz
電源	内臓充電式リチウム電池	同上帯域幅(-6dB)	25～80kHz
バッテリー動作時間	5 時間	波動モード	横波

　b）測定

　測定は N 面および S 面で行い，測定点は**図 4.2.2** に示す位置（No.1 試験体・No.2 試験体共通）10 点とした．また，本装置は 3D 表示を可能にする機能を有することから，装置を N 面および S 面で縦・横方向に移動しながら連続した断面の信号を採取した．

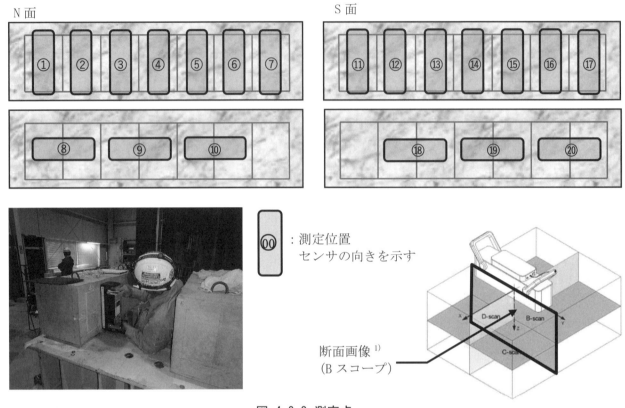

図 4.2.2　測定点

　c）結果

　No.1 および No.2 試験体の両側面（N 面・S 面）の断面画像には，**図 4.2.3** の（a）のような深さ 200mm（部材断面の中央）付近に明瞭な反射画像が確認され，鉄骨の存在が確認された．

　反射画像の深さ位置は，No.1 試験体の N 面で 194mm〜199mm の範囲（平均値 196mm）であり，S 面で 177mm〜198mm（平均値 187mm）の範囲であった．No.2 試験体では，N 面が 188mm〜192mm の範囲（平均値 190mm）であり，S 面が 181mm〜189mm（平均値 184mm）の範囲であった．また，**図 4.2.3** の（b）の 3D 表示画像に現れている反射画像は，内部の鉄骨形状がラチス形状などではなく板形状（1 枚）であることを示している．

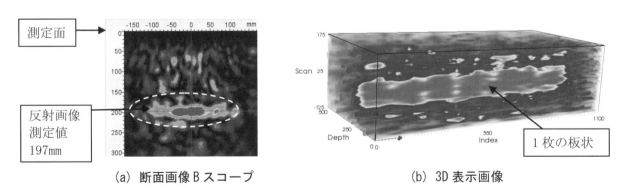

（a）断面画像 B スコープ　　　　　　　　（b）3D 表示画像

図 4.2.3　弾性波トモグラフィ法による結果画像

4.2.2 鉄骨の位置および寸法

（1）超音波法

a）原理

現在，超音波は医療分野，工業分野にとどまらず日常生活のあらゆる分野で利用されている．一般的に超音波は人間の耳には聞こえない音と広く知られているように，JIS Z 2300：2003 非破壊試験用語には「人の耳の可聴範囲以上の周波数の音波（参考：一般的に周波数 20kHz 以上）」と定義されている．

音波は空気の圧力変化の振動を繰り返して伝播する．超音波も音波と基本的性質は同じであり，同様の波動として取扱われる．超音波の振動様式には，粒子の振動方向と伝播方向が一致する縦波，振動方向と伝播方向が直角になる横波，固体の表面を縦波と横波が干渉し合って伝播する表面波などが存在する．縦波は気体・液体・固体のいずれにおいても伝播するが，横波はせん断力が伝わる固体のみに存在する．

超音波は周波数が高いほど指向性が鋭くなり，波長が短くなることから小さな反射源の検出には有利である．しかし，あまり高い周波数を用いると被検材の結晶粒により超音波が散乱し，被検材深部まで伝播しなくなる．このため被検材が金属のような均一材料でないコンクリートである場合，散乱・減衰が著しくなることから低い周波数帯域（数十 kHz〜数百 kHz）の超音波を用いている．

一般的に金属材料に用いられている測定法の多くがパルス反射法である．**図 4.2.4**[2]に示すパルス反射法は被検材の表面から内部にパルス波を送り込み，内部の異常部から反射してくる反射波（エコーという）を受信し，そのエコーの大きさや送受の時間差から内部の情報を得る手法である．被検材がコンクリートの場合，パルス反射法および透過法，表面波法が用いられ，被検材の厚さ・測定条件・測定目的などにより使い分けをしている．

なお，超音波は，探触子に組み込まれた圧電素子に高周波パルス電圧を加えることにより，電気振動から機械振動に変る逆圧電現象により発生している．逆に，被検材内部の異常部や底面で反射してきたエコーが圧電素子に戻ると高周波パルス電圧が生じ，機械振動から電気振動に変る圧電現象による受信信号を増幅させて表示器に受信波形現している．

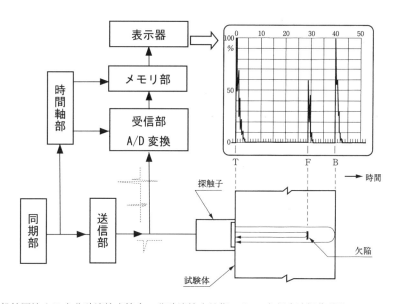

[文献 2）一般社団法人日本非破壊検査協会：非破壊検査技術シリーズ 超音波探傷試験Ⅱ，p.32，p.74，2000 年]

図 4.2.4 パルス反射法による測定[2]を参考に編集作成

b）測定

測定は No.1 試験体および No.2 試験体の N 面および底面で行った．手法はパルス反射法で，**図 4.2.5** に示すよう試験体の側面中央付近および底面の幅方向中央付近に探触子を配置し，鉄骨からの明瞭な反射波を確認した．次に，試験体の側面を測定する場合，反射波を確認しながら探触子を上端下端方向に移動させ，反射波が不明瞭となる位置を鉄骨端部として記録した．同様に底面では探触子を N・S 面方向に移動させ，反射波が不明瞭となる位置を記録した．なお，不明瞭となる波形の判断は定量的なものでなく測定者による判断とした．これは粘度の高い接触媒質を使用していることからセンサの押付け圧により反射波形が変化してしまうためである．

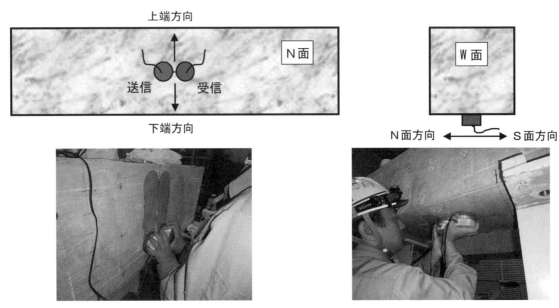

図 4.2.5 測定方法

c）結果

No.1 試験体の側面では N 面から深さ 204mm の位置（部材断面の中央付近）に，底面では深さ 118mm の位置に明瞭な反射波が確認された．探触子を側面では高さ方向に走査し，底面では幅方向に走査することで，反射波が不明瞭となる位置を，**図 4.2.6** および**図 4.2.7** に示す鉄骨の端部位置であると判断した．これにより，鉄骨の寸法は，鉄骨の高さ（以降梁せい）が 150mm，鉄骨の幅（以降梁幅）が 200mm であると推定された．

同様に No.2 試験体の側面では，探触子を高さ方向に走査することにより，N 面の断面中央付近で確認された深さ 209mm からの明瞭な反射波は，**図 4.2.8** に示す鉄骨の端部位置であると判断した．しかしながら，試験体の梁幅方向の測定では，**図 4.2.9** に示すとおり，底面からの明瞭な反射波が確認できなかったことから，梁幅の寸法は不明とした．以上より，超音波法による鉄骨の寸法は，梁せいが 200mm，梁幅は不明とした．

次に超音波法により推定した鉄骨の寸法を現行の鋼材規格に照合してみた．超音波法の結果から，内部の鋼材形状が H 鋼と推定されるため照合規格は JIS G 3192（熱間圧延形鋼の形状，寸法，質量及びその許容差）の H 形鋼とした．No.1 試験体の梁せい 150mm，梁幅 200mm を示す部材寸法は当規格にはなく，No.2 試験体に至っては梁せい寸法のみの情報しか得られないことから超音波法のみによる部材の寸法（形状）推定は困難であるものと判断した．

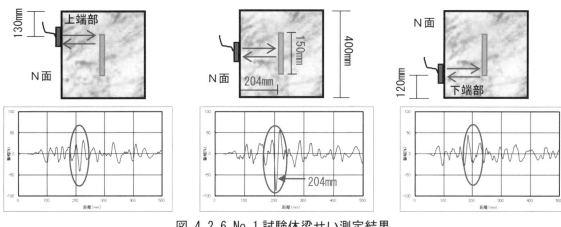

図 4.2.6 No.1 試験体梁せい測定結果

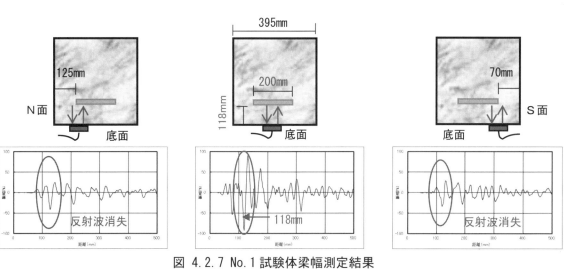

図 4.2.7 No.1 試験体梁幅測定結果

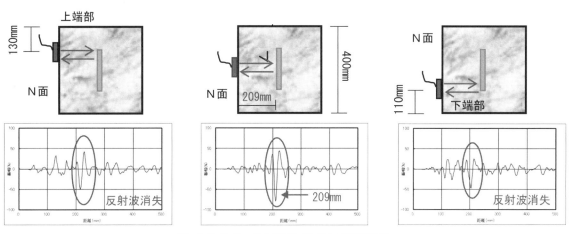

図 4.2.8 No.2 試験体梁せい測定結果

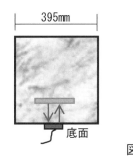

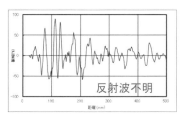

鉄骨からの明瞭な反射波が確認で
きなかったため探触子の移動走査
は行わなかった.

図 4.2.9 No.2 試験体梁幅測定結果

(2) 弾性波トモグラフィ法

a) 原理

　測定に際しては，アレイ型 DPC センサ（4×12 列，48 個のプローブが配置）を躯体表面に押付け，躯体内部に超音波を伝搬させる．躯体内部を伝搬する超音波は，超音波伝搬特性（音響インピーダンス）が極端に異なる境界で反射し，その反射波をアレイ型センサで再び受信する．測定の結果は，合計 1056 通りの路程信号を演算・合成した色の強弱で断面画像（B スコープ）として瞬時に視覚化される．また，map モード機能を用いて測定面を全面走査することで，結果画像を 3D 画像や図 4.2.10 に示す断面画像を連続させた画像に表すことができる．超音波トモグラフィ法の測定概念図を図 4.2.10 に，技術仕様を表 4.2.2 に示す．

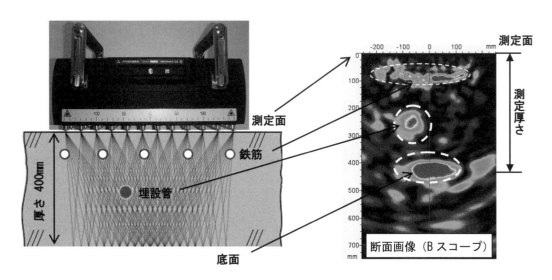

図 4.2.10 超音波トモグラフィ法の測定概念図

表 4.2.2 超音波トモグラフィ法で使用した装置の技術仕様 [1]

[文献 1）日本マテック株式会社：コンクリート用超音波トモグラファー探傷システム A1040 MIRA，参照日 2021 年 5 月 26 日]

項目	仕様	項目	仕様
最小探傷範囲	50mm	PC インターフェース	USB
最大探傷範囲	2000mm	動作温度範囲	-10℃〜50℃
最小欠陥検出寸法	深さ 100mm で直径 50mm	寸法	380×130×140mm
モニター画面寸法	5.7 インチ TFT カラー	重量	4.5kg
内臓メモリ	Flash-memory	プローブ周波数	50kHz
電源	内臓充電式リチウム電池	同上帯域幅(-6dB)	25〜80kHz
バッテリー動作時間	5 時間	波動モード	横波

b）測定

測定は **4.2.1** に示す**図 4.2.2** の測定位置で行い，また，**図 4.2.11** に示すように N 面の全面において装置を移動させながらデータの採取を行った．その後，専用のソフトにより鉄骨の位置情報を推定した．

N 面

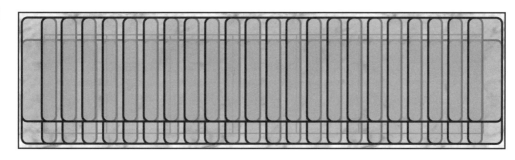

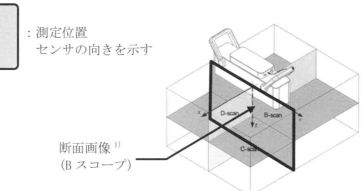

：測定位置
　センサの向きを示す

断面画像[1]
（B スコープ）

図 4.2.11 測定点

c）結果

No.1 および No.2 試験体の N・S 面の断面画像には，**図 4.2.12** のような深さ 200mm（部材断面の中央）付近に明瞭な反射画像が確認された．

反射画像の深さ位置は，No.1 試験体の N 面で 194mm～199mm の範囲（平均値 196mm）であり，S 面で 177mm～198mm（平均値 187mm）の範囲であった．No.2 試験体は N 面が 188mm～192mm の範囲（平均値 190mm）であり，S 面が 181mm～189mm（平均値 184mm）の範囲であった．

なお，当該装置の形状は大きく，また，試験体側面を広範囲に測定して得た測定情報の結果であることから，試験体側面から内部鉄骨までの距離には当該手法を採用した．

N 面で行った全面走査による測定データを，専用ソフトを利用して合成することで，**図 4.2.13** に示す 3D 画像および断面連続画像を算出した．これにより試験体の断面中央付近に存在し，N 面（試験体側面）と平行に広がる鉄骨の端部位置を推定した．

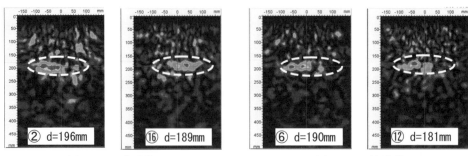

(a) No.1 試験体   (b) No.2 試験体

図 4.2.12 各試験体代表画像例

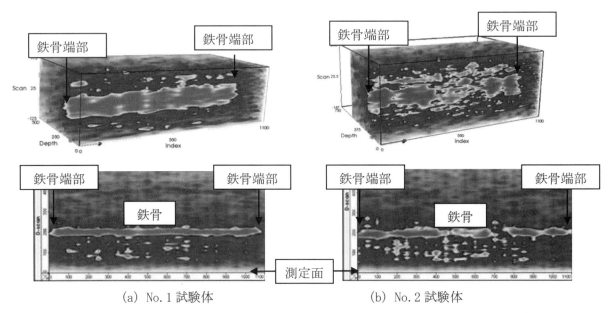

(a) No.1 試験体   (b) No.2 試験体

図 4.2.13 各試験体代表 3D 画像

(3) 電磁波レーダ法

a) 原理

　電磁波レーダ法の原理は，現在広く用いられているレーダと基本的に同じである．すなわち，アンテナから電磁波を放射して電気的性質の異なる物体により反射された電磁波をアンテナで受信し，この放射と受信するまでの時間差と電磁波の伝播速度から，アンテナと電磁波を反射した物体との距離を測定する方法である．また，コンクリートの表面上をアンテナが移動することにより平面上の位置が確認できる．

　図4.2.14に示すように，コンクリート用の電磁波レーダでは，インパルス状の電磁波を送信アンテナからコンクリート内へ放射すると，その電磁波がコンクリートと電気的性質（比誘電率・透磁率）の異なる物体（例えば鉄筋・埋設管など）との境界面で反射し，それを受信アンテナで受信する．アンテナから電磁波を反射した物体（鉄筋）までの距離Dは，式(4.2.1)および式(4.2.2)で表される．また，反射の強さを示す反射率γは，式(4.2.3)で表される．

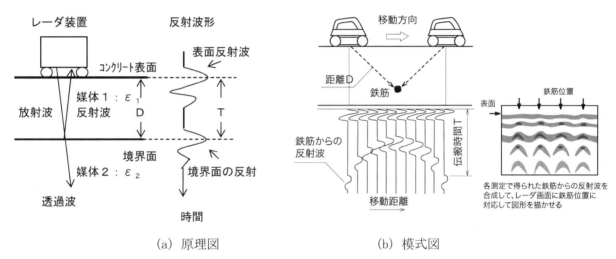

(a) 原理図　　　　　　　　　(b) 模式図

[文献3) 針生智夫：スマートフォン対応RCレーダ，検査技術，Vol.22，No.12，pp.42-47，2017年]

図 4.2.14 電磁波レーダ法の原理図および模式図[(a)は3)を変更（加筆修正）して転載]

$$D = V \cdot t/2 \qquad\qquad\qquad (4.2.1)$$
$$V = C/\sqrt{\varepsilon_r} \qquad\qquad\qquad (4.2.2)$$

ここに，　D　：アンテナから鉄筋（境界面）までの距離

　　　　　V　：コンクリート内の電磁波の速度（m/s）

　　　　　C　：真空中での電磁波の速度（3×10^8m/s）

　　　　　t　：電磁波の伝播往復時間（s）

　　　　　ε_r　：コンクリート中の比誘電率

$$\gamma = \left(\sqrt{\varepsilon_1} - \sqrt{\varepsilon_2}\right)\Big/\left(\sqrt{\varepsilon_1} + \sqrt{\varepsilon_2}\right) \qquad\qquad\qquad (4.2.3)$$

ここに，　γ　：反射率

　　　　　ε_1　：媒体1の比誘電率

　　　　　ε_2　：媒体2の比誘電率

　したがって，境界面での反射強度は境界面を挟む媒体が有する比誘電率の差により決定され，その差が大きいほど反射が大きくなる．また，反射波形の極性も比誘電率の大小により決定される．図4.2.15に示す

境界面の比誘電率の差は電磁波の透過と反射を生むが，**図** 4.2.16 の比誘電率の差では，反射のみが生じ両者の極性が異なることを示す．これにより反射する物質の材質推定（金属か非金属か）が可能となる．

表 4.2.3 に主な媒体の比誘電率一覧を示す．

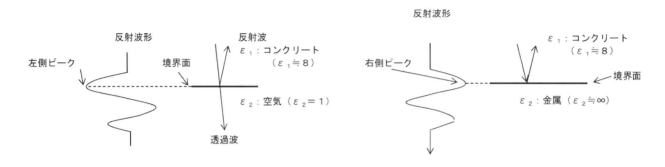

[文献 3) 針生智夫：スマートフォン対応 RC レーダ，検査技術，Vol. 22，No. 12，pp. 42-47，2017 年]

図 4.2.15 $\varepsilon 1 > \varepsilon 2$ の場合 [3]　　　**図** 4.2.16 $\varepsilon 1 < \varepsilon 2$ の場合 [3] を改変（一部修正）して転載

表 4.2.3 **主な媒体の比誘電率一覧** [4] を基に改変転載

[文献 4) NDIS 3429:2011：電磁波レーダによるコンクリート構造物中の鉄筋探査方法，一般社団法人日本非破壊検査協会，2011 年]

材　　質	比誘電率	材　　質	比誘電率
真空	1	砂（湿潤）	10〜25
空気	1	コンクリート（乾燥）	4〜12
石灰岩（乾燥）	7	コンクリート（湿潤）	8〜20
石灰岩（湿潤）	8	清水	81
砂（乾燥）	3〜6	導体（鋼材）	∞

b）測定

測定は No.1 および No.2 試験体それぞれの N・S 面および底面で行った．N 面・S 面の測定位置は**図** 4.2.17 に示すように試験体の中央位置を上端部より 100mm 下がった位置から下端部方向に向かう測定ラインおよび下端部より 100mm 上がった位置から上端部方向に向かう測定ラインとした．底面の測定位置は**図** 4.2.18 に示すように試験体の測定面の中央を横方向に走査する測定ラインとし，測定ラインは電磁波レーダの進行方向に配筋されている鉄筋が重ならない位置とした．なお，比誘電率の設定は使用した装置のデフォルト値である 8 を採用した．

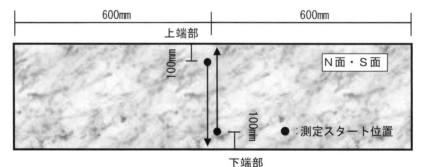

図 4.2.17 **電磁波レーダ法測定位置（各試験体・N 面 S 面共通）**

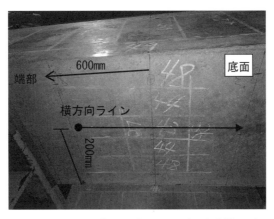

図 4.2.18 電磁波レーダ法測定位置（各試験体・底面）

c）結果

No.1 試験体および No.2 試験体の N 面および S 面で測定を行ったレーダ画像を**図 4.2.19** に，底面で測定を行ったレーダ画像を**図 4.2.20** に示す．**図 4.2.19** には上端部および下端部いずれにおいても鉄筋（画像内1）かぶり厚さよりも深い位置に鉄骨からの反射と推定される画像（画像内 2）が確認された．この鉄骨の水平位置と深さ位置を記録し，試験体寸法の実測値も併用して，鋼材寸法を推定した．また，**図 4.2.20** に示すレーダ画像には鉄筋より深い位置に鉄骨の平面からと思われる反射画像が確認された．

以上の結果を**図 4.2.21** に示す．鉄骨寸法として，No.1 試験体の梁せいが 200mm または 217mm，梁幅が 190mm または 186mm であり，No.2 試験体の梁せいが 220mm，梁幅が 191mm または 188mm であったことから，両試験体内部の鉄骨はともに梁せいが 200mm，梁幅が 200mm であると判断した．また，No.1 および No.2 試験体共に底面における鉄骨平面からの反射深さの位置が 110mm であった．

試験体内部の鉄骨がビルド H 鋼材でなくロール H 鋼材と仮定した場合，推定値を JIS G 3192（熱間圧延形鋼の形状，寸法，質量及びその許容差）の H 形鋼規格値に照合すると部材寸法が H 200×200×8×12 であると判断した．

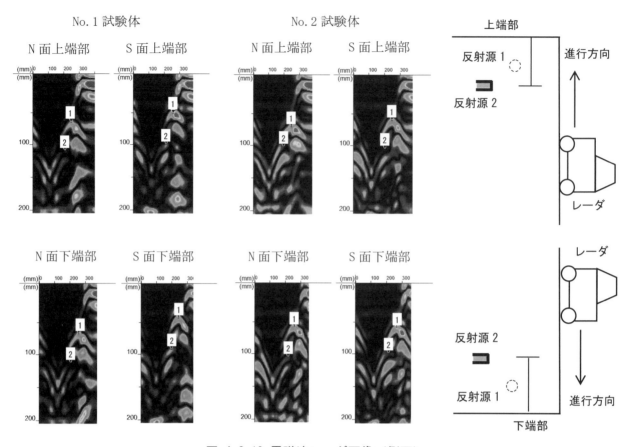

図 4.2.19 電磁波レーダ画像（側面）

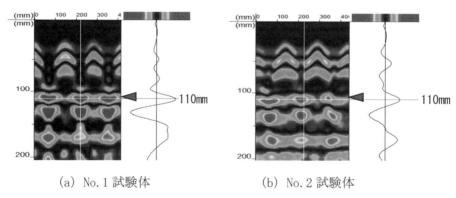

(a) No.1 試験体　　　　　　(b) No.2 試験体

図 4.2.20 電磁波レーダ画像（底面）

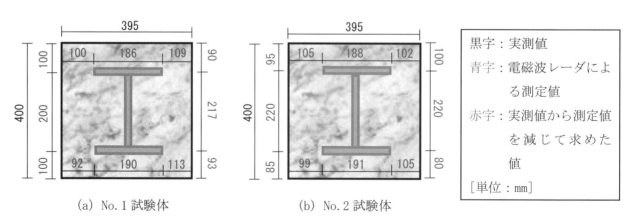

(a) No.1 試験体　　　　　　(b) No.2 試験体

図 4.2.21 電磁波レーダによる鉄骨の位置および寸法の推定結果

4.2.3 鉄筋の位置

（1）電磁波レーダ法

a）原理

鉄筋探査機として使用される電磁波レーダは，**4.2.2**（3）に示す原理と同様，コンクリートの表面から放射された電磁波の反射をアンテナで受信し，送受信の時間やアンテナの移動距離などから鉄筋の位置を求めている．

鉄筋探査の測定精度に影響を与える比誘電率のうち，コンクリートの比誘電率が**表 4.2.3**に示す 4〜20 と範囲が広い．これは比誘電率を支配する要素がコンクリートの含水率であることから，湿潤なコンクリートほど比誘電率が大きくなり電磁波速度が小さくなる．逆に乾燥したコンクリートでは比誘電率が小さくなり電磁波速度が大きくなる．したがって，同じ深さの鉄筋も湿潤なコンクリートではかぶり厚さが大きく，乾燥したコンクリートではかぶり厚さが小さく測定されることになる．

b）測定

測定は No.1 および No.2 試験体それぞれの N 面・S 面・底面で行った．測定位置は**図 4.2.22**に示すように試験体の測定面の中央を縦方向，横方向に走査する測定ラインとし，測定ラインは電磁波レーダの進行方向に配筋されている鉄筋が重ならない位置とした．なお，比誘電率の設定時には，使用した装置のデフォルト値である 8 を採用した．

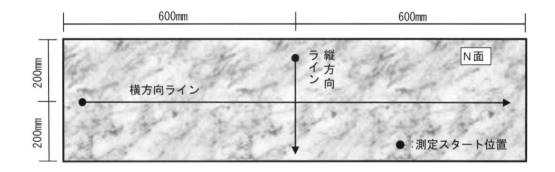

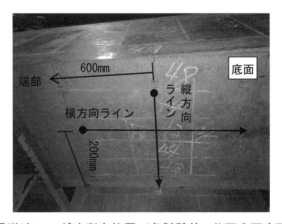

図 4.2.22 電磁波レーダ法測定位置（各試験体・N面 S面底面共通）

ｃ）結果

No.1 試験体および No.2 試験体の N 面，S 面および底面で行ったレーダ画像を図 4.2.23 および図 4.2.24 に示す.

No.1 試験体の N 面および S 面の横方向の測定ラインでは 8 本の鉄筋（あばら筋）が 150mm の間隔で確認され，縦方向の測定ラインでは 2 本の鉄筋（主筋）が確認された. 底面の横方向の測定ラインでは電磁波レーダの移動できる範囲が限られたため 2 本の鉄筋（あばら筋）が，縦方向の測定ラインでは 4 本の鉄筋（主筋）が確認された.

同様に No.2 試験体の N 面および S 面の横方向の測定ラインは 8 本の鉄筋（あばら筋）が 150mm の間隔で確認され，縦方向の測定ラインは 2 本の鉄筋（主筋）が確認された. 底面の横方向の測定ラインは電磁波レーダの移動できる範囲が限られたため 2 本の鉄筋（あばら筋）が，縦方向の測定ラインで 5 本の鉄筋（主筋）が確認された.

なお，両試験体の N 面および S 面で確認されたあばら筋は 8 本であるが，図 4.2.23 および図 4.2.24 に示すレーダ画像は 8 本ではなく，7 本の鉄筋しか表示されていない. これは電磁波を送受するアンテナが最初の 1 本目の鉄筋を超えた位置からスタートするため検出表示されないからである. このため，各レーダ画像の鉄筋は本数が少なく表示されている.

電磁波レーダにより確認された鉄筋を基に推定した配筋状況を図 4.2.25 に示す.

No.1 試験体

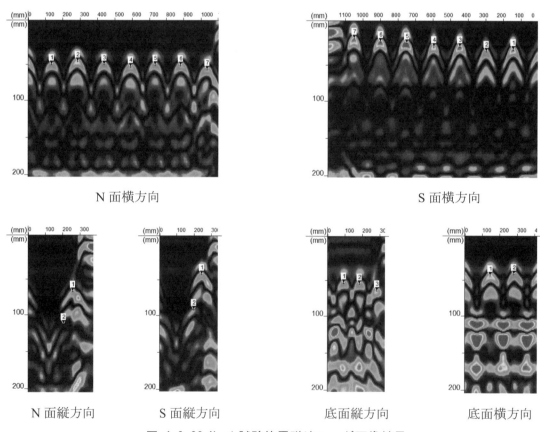

N 面横方向　　　　　　　　　　　　　　　　　　　　　S 面横方向

N 面縦方向　　　　　　S 面縦方向　　　　　　底面縦方向　　　　　　底面横方向

図 4.2.23 No.1 試験体電磁波レーダ画像結果

No.2 試験体

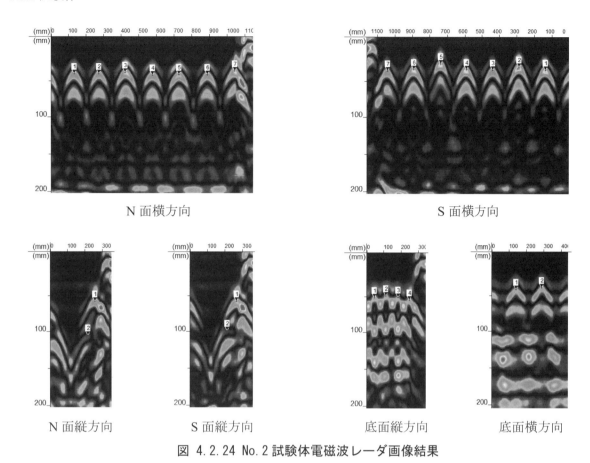

N 面横方向　　　　　　　　　　　　S 面横方向

N 面縦方向　　　S 面縦方向　　　底面縦方向　　　底面横方向

図 4.2.24 No.2 試験体電磁波レーダ画像結果

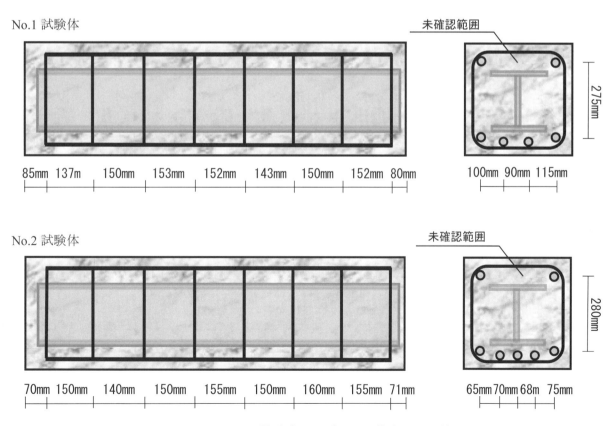

No.1 試験体

未確認範囲

275mm

85mm　137m　150mm　153mm　152mm　143mm　150mm　152mm　80mm

100mm　90mm　115mm

No.2 試験体

未確認範囲

280mm

70mm　150mm　140mm　150mm　155mm　150mm　160mm　155mm　71mm

65mm　70mm　68m　75mm

図 4.2.25 電磁波レーダによる推定した配筋

4.2.4 鉄筋のかぶりおよび径

（1）電磁誘導法

a）原理

電磁誘導法の鉄筋探査機には，いくつかの測定原理がある．今回使用した装置ではパルス渦電流方式が採用されており，この方式は効率よく磁界を発生し，かつ外乱の影響を受けにくい特徴がある．

電磁誘導法は，コイルの相互誘導による電気的インピーダンスの変化量を装置内蔵のデータベースに照らし合わせることから鉄筋かぶり厚さおよび鉄筋径を推定している．

図 4.2.26 に示す試験コイル 1 に交流電流（I_1）を流して発生させた磁界（φ_1）内に鉄筋（金属や強磁性体など図 4.2.26 ではコイル 2 で表されている）が存在するとこれに相互誘導による誘導起電力（e）が生まれる．鉄筋に発生した誘導起電力は磁界（φ_{21}）を作り，試験コイル 1 に発生している磁界を変化させ誘導起電力が発生する [5]．この誘導起電力は試験コイルと鉄筋との距離に応じて変化し，図 4.2.27 に示すように信号振幅として捉えられる．また，図 4.2.28 に示すよう鉄筋の直径の大きさによっても振幅は変化し，鉄筋の直上では図 4.2.29 に示すよう信号の振幅や位相が変化する [6]．これら信号変化の情報を装置内に蓄積されたデータベースに照らし合わせることから鉄筋かぶり厚さおよび鉄筋径の推定が可能となる．

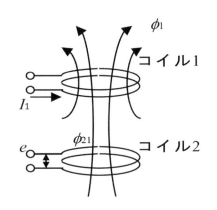

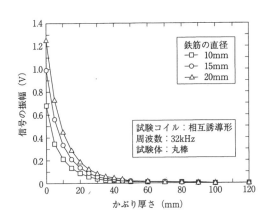

[文献 5）一般社団法人日本非破壊検査工業会：コンクリート中の配筋探査講習会テキスト，第 V 部電磁誘導法，V-5，2017 年

文献 6）社団法人日本非破壊検査協会編：新コンクリートの非破壊試験，技報堂出版，pp.105-106，2010 年]

図 4.2.26 相互誘導 [5]　　　**図 4.2.27 かぶり対信号振幅 [6]**

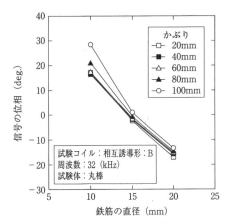

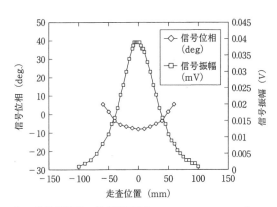

[文献 6）社団法人日本非破壊検査協会編：新コンクリートの非破壊試験，技報堂出版，pp.105-106，2010 年]

図 4.2.28 鉄筋直径対信号振幅 [6]　　　**図 4.2.29 走査位置対信号振幅・位相 [6]**

b）測定

　測定は No.1 および No.2 試験体それぞれの N 面，S 面および底面で行った．測定対象の鉄筋は電磁波レーダ法で検出しチョークで印した位置とし，これを目安にかぶり深さの測定を行った（**写真 4.2.1** 参照）．測定位置には，**図 4.2.30** に示す鉄筋の交点を避けた位置を選び，各面の鉄筋 1 本につき 1 点の測定とした．

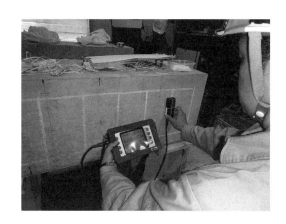

写真 4.2.1 電磁誘導法の測定状況

No.1 試験体

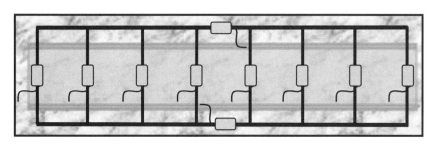
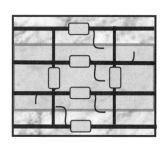

　　　　　N 面 S 面共通　　　　　　　　　　　　　　底面

No.2 試験体

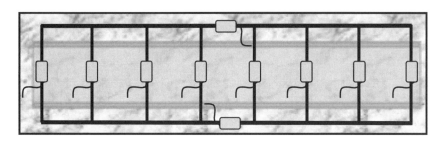
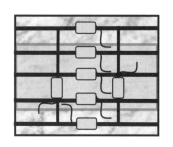

　　　　　N 面 S 面共通　　　　　　　　　　　　　　底面

　　　　　　　　　　　　　　　　　　　　　　　　 ：測定点を示す

図 4.2.30 電磁誘導法の測定位置

c）結果

No.1 試験体および No.2 試験体の N 面，S 面および底面で行った電磁誘導法による鉄筋かぶり厚さの推定結果を**図 4.2.31** に，推定された鉄筋径の結果を**図 4.2.32** に示す．

No.1 試験体

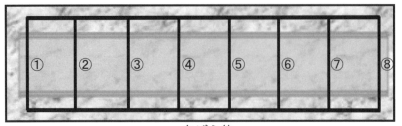

側面あばら筋のかぶり厚さ   単位[mm]

	①	②	③	④	⑤	⑥	⑦	⑧
N 面	39	48	42	48	47	48	46	51
S 面	36	26	34	22	27	18	19	15

底面あばら筋のかぶり厚さ   単位[mm]

	④	⑤
底面	30	38

側面主筋のかぶり厚さ   単位[mm]

	N 面	S 面
上端部	57	37
下端部	53	37

底面主筋のかぶり厚さ   単位[mm]

	⑨	⑩	⑪	⑫
底面	50	45	44	51

No.2 試験体

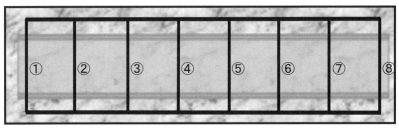
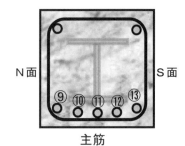

側面のかぶり厚さ   単位[mm]

	①	②	③	④	⑤	⑥	⑦	⑧
N 面	40	41	42	37	42	40	42	35
S 面	42	36	34	38	34	30	35	40

底面のかぶり厚さ   単位[mm]

	④	⑤
底面	40	36

側面のかぶり厚さ   単位[mm]

	N 面	S 面
上端部	53	49
下端部	50	53

底面のかぶり厚さ   単位[mm]

	⑨	⑩	⑪	⑫	⑬
底面	48	44	43	44	48

図 4.2.31 電磁誘導法によるかぶり厚さの測定結果

　電磁誘導法の装置に内蔵されている鉄筋径の推定機能を用いた結果を**図 4.2.32** に示す．No.1 試験体のあ
ばら筋には D13・D16・D19 の 3 サイズ（D10 は棄却）が表示され，上端主筋には D19 の 1 サイズ，下端主
筋には D19・D22 の 2 サイズ（D25 は棄却）が表示された．No.2 試験体のあばら筋には D13・D16・D19 の
3 サイズ（D22 は棄却）が表示され，上端主筋には D22・D25 の 2 サイズ，下端主筋には D22・D25 の 2 サ
イズが表示された．底面の測定値に関しては，隣り合う鉄筋の間隔が狭いこと，体積の大きな鉄骨の影響な
どにより測定精度が低下したものと判断し参考値とした．なお，本装置の鉄筋径推定機能の推定精度は± 1
鉄筋規格とされている．

No.1 試験体 N 面

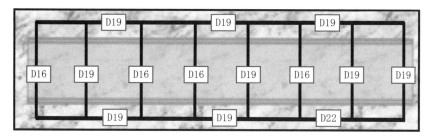

No.1 試験体 S 面

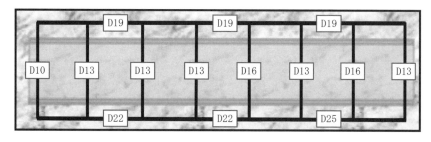

No.1 試験体底面

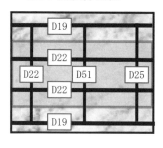

No.2 試験体 N 面

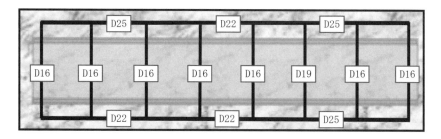

No.2 試験体底面

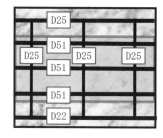

No.2 試験体 S 面

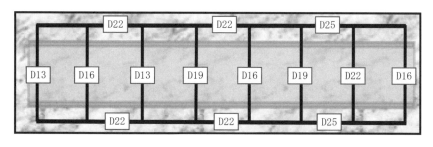

図 4.2.32　電磁誘導法による鉄筋径の推定結果

（執筆者：川越洋樹）

4.3　コンクリートの物性値

4.3.1　圧縮強度および静弾性係数

(1) 反発度に基づく方法

a) 原理

反発度に基づく方法 [7] はコンクリート表面をハンマーで打撃し，その反発度から強度を推定する方法である．反発度は弾性係数と比例関係があり，弾性係数は強度と関係があることから反発度と圧縮強度の関係式を用いて圧縮強度を推定する．

歴史的には 1948 年 E.Schmid により考案されたシュミットハンマーが，簡便さなどが理由により現在も広く普及している．2003 年に JIS A 1155「コンクリートの反発度の測定方法」が制定され，名称が反発度法となり，測定する装置をリバウンドハンマーと呼ぶこととなった．

反発度に基づく方法の目的は強度推定であり，現在既往の文献より多くの強度推定式が提案されている．今回の圧縮強度の推定には，以下の日本建築学会式および日本材料学会式の強度推定式を用いることとした．**図 4.3.1** に示す関係式において，日本建築学会式（**図 4.3.1** 中の実線）は平均的な値を示し，日本材料学会式はやや安全側の値を示す．

$$F_c = (7.3R + 100) \times 0.098 \quad \text{日本建築学会式 [8]} \tag{4.3.1}$$

$$F_c = (13.0R - 184) \times 0.098 \quad \text{日本材料学会式 [9]} \tag{4.3.2}$$

$$f'_c = F_c \times \alpha \tag{4.3.3}$$

ここに，F_c ：圧縮強度（材齢補正前）　（N/mm^2）

R ：反発度

α ：材齢による補正係数（**表 4.3.1**）

f'_c ：圧縮強度（材齢補正後）　（N/mm^2）

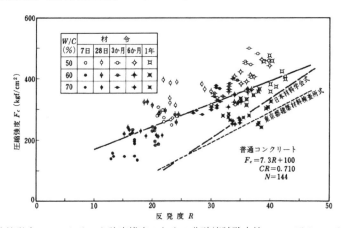

[文献 8) 日本建築学会：コンクリート強度推定のための非破壊試験方法マニュアル，p.23，1983 年 2 月]

図 4.3.1 圧縮強度と反発度の関係 [8]

表 4.3.1 材齢による補正係数（Alter t in Tagen：材令（日），α_t：α）[10]

[文献 10) DIN4240：Kugelschlagprüfung von Beton mit dichtem Gefüge，1962.4]

Alter t in Tagen	α_t	Alter t in Tagen	α_t
10	1,20	200	0,86
20	1,04	300	0,78
30	1,00	500	0,70
50	0,98	1000	0,63
100	0,95	>1000	0,60
150	0,91		

b）測定

測定装置には**表 4.3.2** に示す JIS A 1155 の条件を備えたリバウンドハンマーを用いた．測定は同規格に準じて行い，**図 4.3.2** に示す No.1 試験体および No.2 試験体のそれぞれ E 面および S 面で行った．また，損傷試験前・試験後においても測定を行った．

表 4.3.2 リバウンドハンマーの構造[7]

[文献 7）JIS A 1155:2012：JIS ハンドブック 9 建築 II（試験），コンクリートの反発度の測定方法，2016 年]

重すいの 質量 (g)	重すいの 移動距離 (mm)	インパクトプランジャー 先端の球面半径 (mm)	ばね定数 (N/m)	衝撃エネルギー (N・m)
360〜380	72.0〜78.0	24.0〜25.0	700〜840	2.10〜2.30

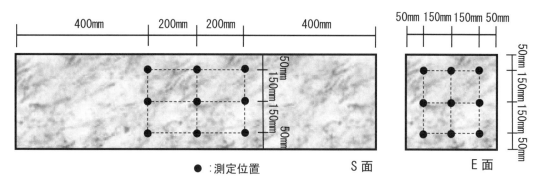

● ：測定位置

図 4.3.2 反発度に基づく方法の測定位置（各試験体共通）

c）結果

No.1 試験体および No.2 試験体の損傷前の反発度の結果を**表 4.3.3** に示し，損傷後の反発度の結果を**表 4.3.4** に示す．No.1 試験体および No.2 試験体の E 面および S 面いずれの結果でも，損傷前と比べ損傷後の

表 4.3.3 反発度（損傷前）

No.1 試験体						No.2 試験体					
E 面			S 面			E 面			S 面		
44	46	45	46	50	46	45	42	52	53	47	46
48	46	50	47	50	46	53	48	52	44	53	46
50	50	50	54	48	55	52	46	54	57	52	58
Avg. : 47.7			Avg. : 49.1			Avg. : 49.3			Avg. : 50.7		

表 4.3.4 反発度（損傷後）

No.1 試験体						No.2 試験体					
E 面			S 面			E 面			S 面		
44	44	45	47	44	53	43	45	52	44	50	47
44	44	47	49	47	47	50	45	48	47	44	48
48	45	47	49	53	46	46	53	51	53	52	48
Avg. : 45.3			Avg. : 48.3			Avg. : 48.1			Avg. : 48.1		

圧縮強度の推定値は僅かであるが小さくなる傾向が見られた.

　表 4.3.3 および表 4.3.4 に示した反発度の平均値を,式(4.3.1),式(4.3.2)および式(4.3.3)の強度推定式に代入することにより,圧縮強度を推定した.損傷前の結果を表 4.3.5 に,損傷後の結果を表 4.3.6 にそれぞれ示す.

表 4.3.5 コンクリート推定強度 (損傷前)　　　　　単位[N/mm²]

試験体	No.1 試験体						No.2 試験体					
測定面	E 面			S 面			E 面			S 面		
材齢（日）	50	100	200	50	100	200	50	100	200	50	100	200
日本建築学会式	43.0	41.7	37.8	44.0	42.7	38.6	44.2	42.8	38.8	45.1	43.8	39.6
日本材料学会式	41,9	40.6	36.8	43.6	42.3	38.3	43.9	42.5	38.5	45.6	44.2	40.0

表 4.3.6 コンクリート推定強度 (損傷後)　　　　　単位[N/mm²]

試験体	No.1 試験体						No.2 試験体					
測定面	E 面			S 面			E 面			S 面		
材齢（日）	50	100	200	50	100	200	50	100	200	50	100	200
日本建築学会式	41.4	40.1	36.3	43.5	42.1	38.1	43.3	42.0	38.0	43.3	42.0	38.0
日本材料学会式	38.9	37.7	34.1	42.6	41.3	37.4	42.4	41.1	37.2	42.4	41.1	37.2

　反発度に基づく方法で推定する各試験体の圧縮強度は,以下のプロセスと仮定により確定することにした.すなわち,まず,損傷後は試験体の計測面にひび割れが発生していることを考慮して,損傷前の測定値を参照することにする.また,測定実施日の材齢を 200 日と仮定して,表 4.3.5 に示す材齢 200 日の圧縮強度を参照することにした.さらに,E 面および S 面ともに,材齢 200 日における日本建築学会式および日本材料学会式で推定した各圧縮強度を比較すると,概ね同じ値になっている.そのため,いずれの試験体においても,測定面ごとに,各学会式で推定した圧縮強度の平均値を採用することにした.表 4.3.7 に,反発度による方法で推定した圧縮強度を示す.

表 4.3.7 反発度による方法で推定したコンクリートの圧縮強度　　　　　単位[N/mm²]

試験体	No.1 試験体		No.2 試験体	
測定面	E 面	S 面	E 面	S 面
圧縮強度	37.3	38.5	38.7	39.8

　一方,静弾性係数 E は,表 4.3.7 の圧縮強度 f'_c を,コンクリート標準示方書【設計編】[11] に示されている式(4.3.4)に代入して,表 4.3.8 に示す結果を得た.

$$E = \left(2.8 + \frac{f'_c - 30}{33} \right) \times 10^4 \qquad 30 \leqq f'_c < 40 \ \text{N/mm}^2 \tag{4.3.4}$$

　　ここに,E　:静弾性係数（N/mm²）

　　　　　　f'_c　:圧縮強度（N/mm²）

表 4.3.8 圧縮強度から推定した静弾性係数　　　　　　　単位[kN/mm²]

試験体	No.1 試験体		No.2 試験体	
測定面	E 面	S 面	E 面	S 面
静弾性係数	30.2	30.6	30.6	31.0

(2) 超音波法で得られた伝搬速度に基づく方法

a) 原理

工業分野において使用される超音波法は多くがパルス反射法である．パルス反射法は被検材の表面から内部にパルス波を送り込み，内部の異常部などから反射してくる反射波（エコーという）を受信し，そのエコーの大きさや送受の時間差から内部の情報を得る手法である．被検材が固体の場合，せん断力が伝わるので使用される波動には縦波以外に横波・表面波などもあるが，コンクリートでは主に音の伝搬方向と粒子の振動方向が一致し最も速度の速い縦波が使用されている．

被検材が複合素材であるコンクリートの場合，反射法では鉄筋，骨材，気泡など様々な反射源からのエコーが受信されるため S/N 比が低減する．このためコンクリートの音速の測定には，反射法でなく透過法を用いるとシグナルの識別がし易くなり，さらに内部を通り抜けてきた波であることからより内部の状態を反映したものと言える．使用する波動は伝搬速度が速い縦波を用いており，薄板コンクリート以外での縦波の速度は式(4.3.5)で表される．

$$C_p = \sqrt{\frac{(1-\nu)E_d}{\rho(1+\nu)(1-2\nu)}}$$ 　　　　　　　　　(4.3.5)

ここに，　C_p : 縦波の速度　（m/s）

　　　　　ρ : 密度　（kg/m³）

　　　　　E_d : 動弾性係数　（N/m²）

　　　　　ν : ポアソン比

以上より，超音波法によりコンクリート中を伝搬する縦波の速度を測定すれば，式(4.3.5)から動弾性係数が推定でき，さらに既往の研究[12]および示方書[11]を参考に，静弾性係数および圧縮強度も推定可能となる．

b) 測定

コンクリートの物性値を求めるため超音波の伝搬時間を測定した．測定に際しては，**図 4.3.3** に示す位置に探触子を配置して N 面から超音波を発信し，対面である S 面で透過波を受信する超音波透過法を用いた．上・下位置の探触子は挟み込んだ探触子（円形振動子）の中心軸が鉄骨に位置しない箇所を想定し，中位置の探触子は超音波の伝搬経路が鉄骨を通過する箇所を想定した．波動には縦波を使い，受信波形図上の透過波形の読み位置は最初に伝わる波のピークとした．なお，測定は，**図 4.3.3** の位置において，損傷試験前と損傷試験後で行った．

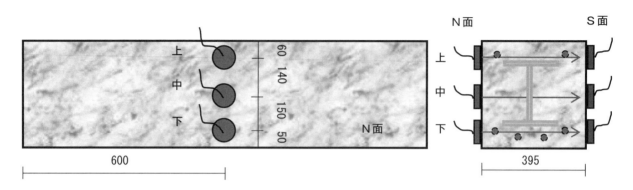

図 4.3.3 超音波透過法の測定位置

c）結果

No.1 試験体および No.2 試験体の超音波伝搬時間を測定し，式(4.3.6)により超音波伝搬速度を求めた．**表 4.3.9** に損傷前の結果を示し，**表 4.3.10** に損傷後の結果を示す．**図 4.3.4** に超音波透過波形図を示す．損傷試験の前後で比べると，超音波伝搬速度が若干低下しており，受信波形の振幅が減弱していた．また，No.2 試験体の中位置（鉄骨通過位置）では損傷後の波形図に受信波形が現れなかった．これは超音波の伝搬経路上にコンクリート内部クラックや骨材とペーストの剥離などが発生することにより，超音波の伝搬が阻害されたことによるものと思われる．

$$C_p = L/t \tag{4.3.6}$$

ここに，C_p　：縦波の速度（m/s）

　　　　L　：試験体の厚さ（m）

　　　　t　：伝搬時間（s）

表 4.3.9 超音波伝搬速度：損傷前　単位[m/s]

	No.1 試験体	No.2 試験体
上	4,020	4,082
中	3,891	3,834
下	4,293	4,293
Avg.	4,068	4,070

表 4.3.10 超音波伝搬速度：損傷後　単位[m/s]

	No.1 試験体	No.2 試験体
上	3,986	4,166
中	3,857	—
下	4,047	3,571
Avg.	4,017*	3,869*

*損傷後の Avg.は上・下の値を使用した．

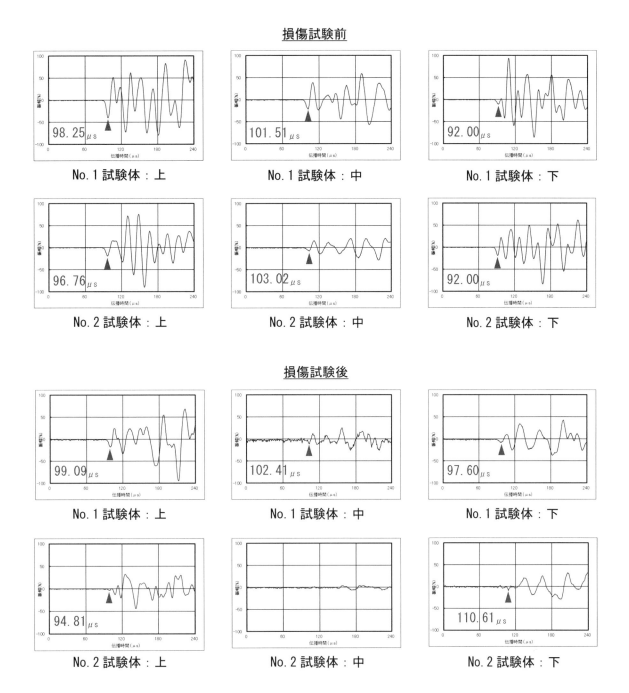

図 4.3.4 超音波透過法の波形図

　損傷後のひび割れを考慮して，**表 4.3.9** に示す損傷前の超音波伝搬速度の平均値と，試験体のポアソン比を 0.2，密度を 2,300kg/m³ と仮定して，式(4.3.5)により動弾性係数を求めた．また，既往の研究 [12) により，動弾性係数を数値 1.1 で除して静弾性係数を求めた．さらに，示方書 [11) に示されている式(4.3.4)から，圧縮強度も推定した．**表 4.3.11** に，各試験体における動弾性係数，静弾性係数および圧縮強度の計算結果を示す．

表 4.3.11 各試験体における動弾性係数・静弾性係数・圧縮強度

試験体	No.1 試験体	No.2 試験体
動弾性係数	34.3 GPa	34.3 GPa
静弾性係数	31.1 GPa	31.2 GPa
圧縮強度	40.7 MPa	40.8 MPa

（執筆者：川越洋樹，内田慎哉）

(3) 機械インピーダンスに基づく方法

a) 原理

機械インピーダンス法は，コンクリートの表面をハンマーなどの打撃体で打撃した時の，貫入過程および反発過程の機械インピーダンスを測定し，圧縮強度評価式を用いてコンクリートの圧縮強度推定する[13]，あるいは，測定波形の特徴に着目して，表層の浮きや剥離を探査する技術である．

図 4.3.5 に示すように，質量 M のハンマーが速度 V でコンクリートに衝突する場合，コンクリートを半無限弾性体と仮定してエネルギーの釣り合いを考える．ハンマーの衝突によるコンクリート表面の変位を x，バネ係数を K とするとエネルギー保存の法則から，

$$\frac{1}{2}MV^2 = \frac{1}{2}Kx_{max}^2 \tag{4.3.7}$$

が成立する．

ハンマー打撃によってコンクリートに生じた力 F は，フックの法則より，

$$F_{max} = Kx_{max} \tag{4.3.8}$$

である．式(4.3.8)を x について解き，これを式(4.3.7)に代入して整理すると，

$$MV^2 = \frac{F_{max}^2}{K} \to \sqrt{MK} = \frac{F_{max}}{V} \tag{4.3.9}$$

が得られる．ここで $\sqrt{MK}$ は機械インピーダンス Z であり，打撃力の最大値をハンマーの衝突時の速度で除すことによって得られる．

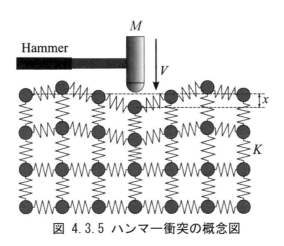

図 4.3.5 ハンマー衝突の概念図

図 4.3.6に実際に測定した打撃力波形（測定した加速度 a にハンマー質量 M を乗じて打撃力波形としている）を例示する．この打撃力波形をピークから前半と後半に分離し，波形の前半部分は，ハンマーがコンクリート表面を変形させる過程（アクティブ側）であり，後半部分は，コンクリート内に蓄積された弾性変形エネルギーが解放される過程（リアクティブ側）であり，これによってハンマーは押し戻される．

この打撃力波形から機械インピーダンスを算出するには，

$$Z = \frac{F_{max}}{V} \tag{4.3.10}$$

となる．ここで，最大打撃力 F_{max} はハンマー質量 M に最大加速度 a_{max} を乗じたもの，速度 V は打撃力波形の始点から終点までの加速度の数値積分によって求める．

測定対象が完全弾性体である場合には $V_A=V_R$ となるが，コンクリートのように，衝突によって微少な塑性

変形が伴う場合，アクティブ側には，ハンマーがコンクリート表面を塑性変形させながら貫入する時間が含まれる．すなわち，打撃エネルギーは塑性変形によって消費され，相対的に打撃力が減少し，機械インピーダンスの算出に影響を与える．一方，リアクティブ側ではコンクリートの弾性変形エネルギーがハンマーを押し戻す反作用として働くので，表面の塑性変形の影響をほとんど受けずに，本来コンクリートの持つ情報を反映することができると考えられる．したがって，機械インピーダンスから圧縮強度を推定する場合には，リアクティブ側に着目し，

$$Z_R = \frac{F_{max}}{V_R^{1.2}}$$
(4.3.11)

を指標とする方法を用いている．ここで，V_Rは打撃力波形のピークから終点までの加速度の数値積分でコンクリートが復元するときの速度を意味している．なお，分母のべき乗値は打撃速度の補正項である．

　コンクリート供試体によって実験を行った結果，コンクリートの圧縮強度σとZ_Rの間には，

$$\sigma = cZ_R^3$$
(4.3.12)

の関係が確認されている．ここに，c：任意の定数であり，本測定ではメーカが推奨している普通コンクリートの定数11.78を用いた．

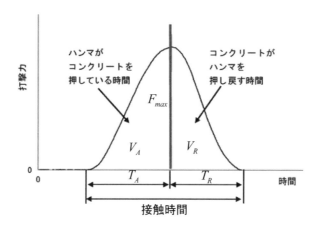

図 4.3.6 打撃力波形の例

b）測定

　測定には，市販の機械インピーダンス法の測定装置（CTS02-V4）を用いた．本稿では，強度の異なる複数の試験体を対象とした実験により式(4.3.12)に示す定数項を決定し，圧縮強度を推定することにした．測定装置の外観および基本仕様を，**図 4.3.7**，**表 4.3.12** に示す．

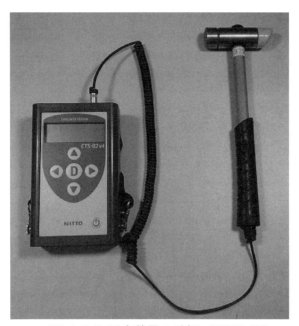

図 4.3.7 測定装置の外観（CTS02-V4）

表 4.3.12 CTS-02V4 の基本仕様

測定器名	コンクリートテスター（CTS-02V4） Concrete Test and Surveyor Type4
本体	108mm×169mm×42mm
ハンマー質量	380g
サンプリング時間	0.5μs
測定時間長	2ms
電源	単三電池4本使用 （連続使用時間約12時間）
記憶媒体	SDカードにデータ記録，PCに転送 （50万データ以上記録可能）
製造者	日東建設（株）

　測定は，No.1 試験体，No.2 試験体のそれぞれ 2 面について，損傷試験の前後に行った．測定点の配置を**図 4.3.8** に示す．それぞれの測点近傍を 20 回打撃して測定を行い，記録された推定強度の平均値をその測点の推定強度とした．**図 4.3.9** に測定状況を示す．

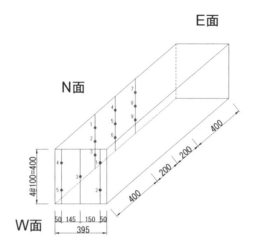

図 4.3.8 測定点の配置

図 4.3.9 測定状況

c）結果

　損傷試験前後の，機械インピーダンス法により推定した圧縮強度を**表 4.3.13**，**表 4.3.14** に示す．損傷試験前後で圧縮強度の推定値に大きな変化はなく，コンクリートの表層部の機械インピーダンスから圧縮強度を推定するという，測定手法の特性を表しているものと考えられる．

　続いて，**表 4.3.15** に，示方書 [11] に示されている式(4.3.13)から推定した静弾性係数を示す．なお，**表 4.3.15** に示す圧縮強度の値は，損傷試験前の推定強度の平均値である．

$$E = \left(2.2 + \frac{f'_c - 18}{20} \right) \times 10^4 \qquad f'_c < 30 \text{ N/mm}^2 \tag{4.3.13}$$

　ここに，E　：静弾性係数（N/mm²）

　　　　　f'_c　：圧縮強度（N/mm²）

表 4.3.13 機械インピーダンス法による推定強度（損傷試験前）

測定面	測点番号	推定強度(N/mm²)	測定面	測点番号	推定強度(N/mm²)
No.1 試験体 W 面	1	27.8	No.2 試験体 W 面	1	27.6
	2	27.1		2	28.9
	3	26.5		3	27.1
	4	23.7		4	26.5
	5	28.9		5	31.2
No.1 試験体 N 面	1	29.4	No.2 試験体 N 面	1	26.5
	2	31.2		2	29.7
	3	30.2		3	29.7
	4	27.2		4	30.6
	5	30.7		5	30.4
	6	27.2		6	28.5
	7	23.2		7	26.1
	8	30.7		8	29.9
	9	29.3		9	30.4

表 4.3.14 機械インピーダンス法による推定強度（損傷試験後）

測定面	測点番号	推定強度(N/mm²)	測定面	測点番号	推定強度(N/mm²)
No.1 試験体 W 面	1	26.4	No.2 試験体 W 面	1	27.2
	2	30.2		2	30.9
	3	29.5		3	26.3
	4	24.2		4	27.2
	5	30.2		5	29.4
No.1 試験体 N 面	1	27.1	No.2 試験体 N 面	1	30.1
	2	28.2		2	30.0
	3	29.7		3	26.4
	4	26.9		4	30.2
	5	27.7		5	30.7
	6	30.2		6	27.5
	7	29.4		7	28.9
	8	29.0		8	30.9
	9	32.2		9	27.0

表 4.3.15 機械インピーダンス法による測定結果から推定した静弾性係数

試験体	測定面	静弾性係数 (kN/mm²)	圧縮強度 (N/mm²)
No.1 試験体	W 面	26.4	26.8
	N 面	27.4	28.8
No.2 試験体	W 面	27.2	28.3
	N 面	27.6	29.1

(4)　衝撃弾性波法で得られた伝搬速度に基づく方法

a)　原理

衝撃弾性波法は，鋼球などでコンクリート表面を軽打して弾性波を入力し，計測した弾性波の応答振動を分析することによって，コンクリート部材の厚さや，内部空隙の有無，ひび割れ深さ，圧縮強度などを推定する技術である [14]．弾性体の縦波の弾性波速度と動弾性係数は，式(4.3.14)の関係にあり，さらに圧縮強度と動弾性係数は式(4.3.15)の関係があることから，構造物で測定した縦波の弾性波速度から間接的に構造物の圧縮強度を求めることが可能である．構造物の弾性波の伝搬速度の測定には，①伝搬時間差を利用した方法と，②多重反射の周波数特性を利用した方法があるが，ここでは，伝搬時間差を利用した測定方法を採用した．伝搬時間差を利用した弾性波の伝搬時間差の測定には，図 4.3.10 に示す測定イメージのように，2つの特性の揃ったセンサを，対象構造物の同一面に設置する方法（以降，表面伝搬時間差法）と，測定対象を挟むように 2 つのセンサを対面に配置する方法（以降，透過伝搬時間差法）の 2 通りの方法がある．測定波形の例を図 4.3.11 に示すが，いずれの方法でも，得られた測定波形の初動時刻を読み取って得た伝搬時間差と，伝搬距離の関係から弾性波伝搬速度を計算する．

$$C_p = \sqrt{\frac{(1-v)E_d}{\rho(1+v)(1-2v)}} \tag{4.3.14}$$

$$E_d = A \cdot f_c' \tag{4.3.15}$$

ここに，C_p　：縦波の速度（m/s）

ρ　：密度（kg/m³）

E_d　：動弾性係数（N/mm²）

v　：ポアソン比

A　：定数

f_c'　：コンクリートの圧縮強度（N/mm²）

以上より，衝撃弾性波法で伝搬速度を測定することにより，式(4.3.14)から動弾性係数が推定でき，さらに示方書 [11]や既往の研究 [15]を参考に，静弾性係数および圧縮強度も推定可能となる．

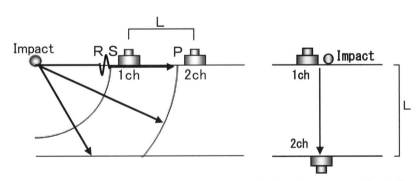

図 4.3.10 伝搬時間差法測定イメージ（左：表面伝搬時間差法，右：透過伝搬時間差法）

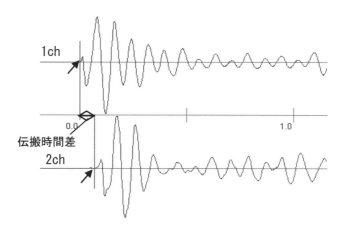

図 4.3.11 測定波形の例

b) 測定

　弾性波伝搬速度の測定には，市販の衝撃弾性波法試験装置（iTECS-6）を用いて行った．測定装置の外観および基本仕様を**図 4.3.12**，**表 4.3.16** に示す．No.1 試験体，No.2 試験体とも，**図 4.3.13** に示す位置で長手方向および短辺方向に試験体を挟み込んで弾性波の入力–受信を行う，透過伝搬時間差法によって行った．弾性波の入力は，加速度計内蔵のインパルスハンマによって行い，サンプリング時間間隔 0.1μs で，2ms 間波形を記録した．また，各測定点において，形状が概ね同じ波形を 3 波保存した．弾性波伝搬速度は，技術者が 1ch, 2ch の測定波形の立上り時刻を読み取って伝搬時間差を求め，弾性波の伝搬距離との関係から算出した．測定状況を**図 4.3.14** に示す．

図 4.3.12 測定装置の外観

表 4.3.16 iTECS-6 の基本仕様

装置の構成	本体部	アンプ，AD コンバータ
	ＰＣ	制御用ＰＣ
	センサ	加速度センサ（1〜20kHZ 共振：PCB 社製　100mV/G）
	インパクタ	別途鋼球セット，インパルスハンマ
アンプ部	1〜2ch	約 2mA20V 定電流駆動源付きアンプ，最大入力±1.0 V
AD変換	サンプリング間隔	0.1μs〜10μs
	精度	12bit
	データ数	測定時間長で設定
電源	PC 内蔵バッテリーによる駆動	
	充電装置	PC 用 AC 電源を使用
寸法	本体 260mm× 190mm × 70mm	
質量	約 2.8kg	
製造者	アプライドリサーチ（株）	

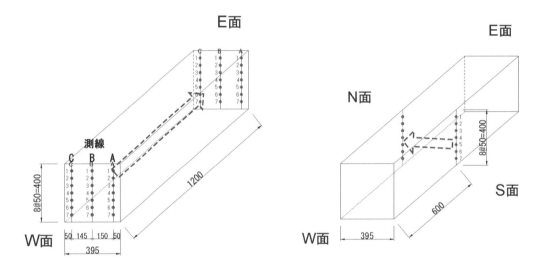

図 4.3.13 測定点の配置（左：長手方向，右：短辺方向）

図 4.3.14 測定状況

c) 結果

損傷試験前の弾性波伝搬速度の測定結果を**表 4.3.17** に，損傷試験後の弾性波伝搬速度の測定結果を**表 4.3.18** に示す．また，長手方向で測定した弾性波伝搬速度の分布を**図 4.3.15** に示す．表および図より，中央の測線（測線 B）において著しく弾性波伝搬速度が速くなる傾向が確認された．この分布および一般的なコンクリートの弾性波伝搬速度を考慮すると，長手方向に板状の鋼材が埋設されている可能性が考えられ，コンクリート中を伝搬する速度を正確に測定できていないことが懸念される．

また，短辺方向の弾性波伝搬速度は損傷試験の前後で著しく低下する傾向が見受けられ，内部に埋設された鋼材とコンクリートが肌別れしている状況が推察される．

以上のことから，静弾性係数および圧縮強度の推定には，損傷試験前の短辺方向の弾性波伝搬速度を使用することにした．なお，弾性波伝搬速度から静弾性係数および圧縮強度を推定するにあたっては，下記の A 法および B 法の 2 通りの方法を採用することにした．

① A 法

測定した弾性波伝搬速度から動弾性係数を式(4.3.16)によって算出し，次いで，既往の研究結果 [12] より確認された，動弾性係数と静弾性係数との関係により，動弾性係数を 1.1 で除して静弾性係数を算出した．さらに，示方書 [11] に示される静弾性係数と圧縮強度との関係を用いて，式(4.3.17)によって，圧縮強度を推定した．

$$E_d = C_p{}^2 \rho \frac{(1+v)(1-2v)}{(1-v)} \times 10^{-6} \tag{4.3.16}$$

ここに，E_d　：動弾性係数（N/mm²）

　　　　C_p　：縦波の速度（m/s）

　　　　ρ　：密度（kg/m³）

　　　　v　：ポアソン比

$$E = \left(2.2 + \frac{f'_c - 18}{20}\right) \times 10^4 \qquad f'_c < 30 \text{ N/mm}^2 \tag{4.3.17}$$

ここに，E　：静弾性係数（N/mm²）

　　　　f'_c　：圧縮強度（N/mm²）

② B 法

弾性波伝搬速度と圧縮強度の関係について，岩野らの既往の研究 [15] によって，配合や使用材料の異なる多数の供試体を用いた実験により，式(4.3.18)に示すように一般化された事例がある．そこで，弾性波の伝搬時間差から求めた弾性波伝搬速度を，この関係式（式(4.3.18)）に代入して圧縮強度を求め，静弾性係数は式(4.3.17)から推定した．

$$f_C = 1.224 \times 10^{-17} \times V_P^{5.129} \tag{4.3.18}$$

ここに，f_C　：圧縮強度（N/mm²）

　　　　V_P　：縦波の速度（m/s）

表 4.3.17（1/2）　損傷試験前における弾性波伝搬速度の測定結果（長手）

測線	測点 No.	伝搬距離 (mm)	No.1 試験体		No.2 試験体	
			弾性波伝搬速度(m/s)	平均伝搬速度（m/s）	弾性波伝搬速度(m/s)	平均伝搬速度(m/s)
A	1	1200	4074	4137	4087	4115
	2		4130		4091	
	3		4087		4035	
	4		4105		4092	
	5		4163		4141	
	6		4235		4196	
	7		4163		4163	
B	1	1200	4445	4742	4535	4765
	2		4987		4797	
	3		4834		5307	
	4		4791		4568	
	5		4759		5142	
	6		5022		4704	
	7		4356		4299	
C	1	1200	4163	4135	4146	4085
	2		4174		4071	
	3		4048		3924	
	4		4092		3963	
	5		4299		4082	
	6		4163		4236	
	7		4009		4170	

表 4.3.17（2/2）　損傷試験前における弾性波伝搬速度の測定結果（短辺）

測線	測点 No.	伝搬距離 (mm)	No.1 試験体		No.2 試験体	
			弾性波伝搬速度(m/s)	平均伝搬速度(m/s)	弾性波伝搬速度(m/s)	平均伝搬速度(m/s)
S 面→N 面	1	395	3924	4061	3954	4036
	2		4144		4144	
	3		3851		3851	
	4		3700		3685	
	5		4269		4228	
	6		4446		4281	
	7		4095		4111	

表 4.3.18（1/2）　損傷試験後における弾性波伝搬速度の測定結果（長手）

測線	測点 No.	伝搬距離 (mm)	No.1 試験体		No.2 試験体	
			弾性波 伝搬速度(m/s)	平均 伝搬速度(m/s)	弾性波 伝搬速度(m/s)	平均 伝搬速度(m/s)
A	1	1200	4024	4054	4737	4390
	2		4202		4699	
	3		3944		4267	
	4		3914		3946	
	5		4124		4289	
	6		4004		4544	
	7		4163		4246	
B	1	1200	4061	4926	4267	4798
	2		5193		4127	
	3		5176		5125	
	4		5035		4956	
	5		5202		5182	
	6		5176		5151	
	7		4642		4778	
C	1	1200	4135	4394	4528	4248
	2		4704		4335	
	3		4157		4009	
	4		4124		3861	
	5		4439		4299	
	6		4783		4311	
	7		4414		4395	

表 4.3.18（2/2）　損傷試験後における弾性波伝搬速度の測定結果（短辺）

測線	測点 No.	伝搬距離 (mm)	No.1 試験体		No.2 試験体	
			弾性波 伝搬速度(m/s)	平均 伝搬速度(m/s)	弾性波 伝搬速度(m/s)	平均 伝搬速度(m/s)
S 面→N 面	1	395	3363	3702	3047	3543
	2		3548		3237	
	3		3083		3011	
	4		3523		3396	
	5		4177		4127	
	6		4371		4228	
	7		3851		3753	

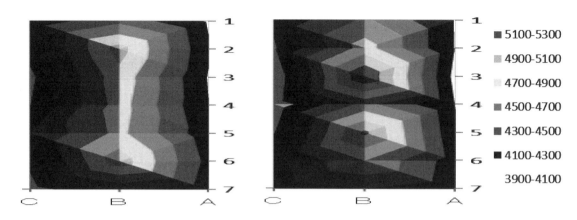

図 4.3.15 損傷試験前における弾性波伝搬速度の分布（左：No.1 試験体，右：No.2 試験体）

　A 法および B 法で推定した動弾性係数，静弾性係数および圧縮強度を，**表 4.3.19** に示す．いずれの試験体においても，A 法で推定した静弾性係数が B 法のそれと比較して小さいことがわかる．一方で，圧縮強度については，No.1 試験体では A 法が大きくなり，No.2 試験体では同じ値になった．これらを踏まえて，ここでは，JIS で規定されている A 法の結果を採用することとした．最終的な結果を**表 4.3.20** に示す．

表 4.3.19 A 法および B 法で推定した動弾性係数，静弾性係数および圧縮強度

推定方法	試験体	状況	弾性波伝搬速度(m/s)	動弾性係数 (kN/mm²)	静弾性係数 (kN/mm²)	圧縮強度 (N/mm²)
A 法	No.1 試験体	損傷試験前	4061	34.1	31.0	40.2
	No.2 試験体	損傷試験前	4036	33.7	30.7	38.3
B 法	No.1 試験体	損傷試験前	4061	-	32.8	39.5
	No.2 試験体	損傷試験前	4036	-	32.2	38.3

表 4.3.20 衝撃弾性波法で得られた伝搬速度から推定した静弾性係数および圧縮強度

試験体	静弾性係数 (kN/mm²)	圧縮強度 (N/mm²)
No.1 試験体	31.0	40.2
No.2 試験体	30.7	38.3

（執筆者：山下健太郎，内田慎哉）

（5）　衝撃弾性波法で得られた卓越周波数に基づく方法

a）原理

　本法での測定状況を**図 4.3.16** に示す．コンクリート表面に加速度計を設置し，その近傍を鋼球で打撃する測定方法である．発生する弾性波の模式図を**図 4.3.17** に示す．縦波，レイリー波などの弾性波が同時に発生し，縦波には打撃点から内部に伝搬し，対向面で反射する成分と表面を伝搬する成分とが存在する．レイリー波はコンクリート表面を伝搬し，振幅が最も大きい弾性波である．打撃点の近傍に設置した加速度計で測定される振動（測定振動）の模式図を**図 4.3.18** に示す [16]．加速度計に最初に到達する波動は表面を伝搬する縦波であるが，その振幅はレイリー波と比較すると著しく小さい．したがって，測定振動で最初に測定される振幅の大きい振動（第一波）はレイリー波の到達による振動となる．次に測定振動で測定される振幅の大きい振動（第二波）は，対向面で反射した縦波が往復したことによる振動となる．その後，縦波はコンクリート表面と対向面との間で多重反射するが，縦波が 2 回，3 回と往復して受信点に到達する度に，測定振動での第三波，第四波となる．

ⅰ）長手方向での測定　　　　　ⅱ）横方向での測定　　　　　ⅲ）上下方向での測定

図 4.3.16 本法での測定状況

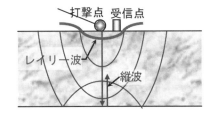
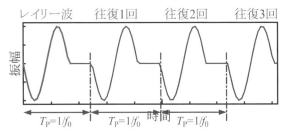

図 4.3.17 発生する弾性波の模式図　　　　　図 4.3.18 測定振動の模式図

　縦波の往復時間は測定振動での振動の数から判断できる．なお，（一社）日本非破壊検査協会から制定されている規格 [14] では，縦波がコンクリート中を単位時間あたりに往復する回数，つまり，縦波の往復時間の逆数を基本周波数 f_0 と定義し，さらに，測定振動に対してフーリエ解析により周波数スペクトルを得て，周波数スペクトルで振幅が最大となった周波数（卓越周波数）からこの基本周波数を決定するよう規定している．つまり，卓越周波数の逆数が縦波の往復時間であると判断できる．

　縦波の往復時間は伝搬速度（弾性波伝搬速度）によって異なる．さらに，周知のとおり，コンクリート中の弾性波伝搬速度は，コンクリートの弾性係数と正の相関関係にある．本法ではこの性質を測定原理とし，測定した卓越周波数から静弾性係数および圧縮強度を推定することにした．

b）測定

測定は No.1 試験体，No.2 試験体で損傷試験の前後に実施した．測定方向は（**図 4.3.17** 参照），対向面までの距離（反射距離）が 1200mm となる長手方向と反射距離が 400mm となる短手方向である．長手方向は 5 点で測定し，短手方向は横方向と上下方向の各 9 点で測定し，平均化処理により各方向の測定値を得た．なお，平均化処理は偏差が平均値の 20%以上となる測定値を棄却し，再度平均値を算出する方法としている．

c）結果

卓越周波数の測定結果の例を**図 4.3.19** に示す．サンプリング時間間隔 10μs，測定時間長 8ms で得た測定振動に対してフーリエ解析により卓越周波数 f_0 を得た．フーリエ解析は，周波数 0.10kHz から 0.10kHz 間隔で 25.00kHz までの任意の周波数の振幅値を式(4.3.19)および式(4.3.20)により算出する方法[17]を用いた．

$$\left. \begin{array}{l} a_f = \dfrac{2}{T} \int_0^T x(t) cos(2\pi f) t dt \\[2mm] b_f = \dfrac{2}{T} \int_0^T x(t) sin(2\pi f) t dt \end{array} \right\} \tag{4.3.19}$$

$$P_f = \sqrt{a_f{}^2 + b_f{}^2} \tag{4.3.20}$$

ここに，f ：周波数（kHz）

P_f ：周波数 f の振幅値（A.U.）

$x(t)$ ：時間 t での測定振動の振幅値（A.U.）

T ：測定時間長（s）

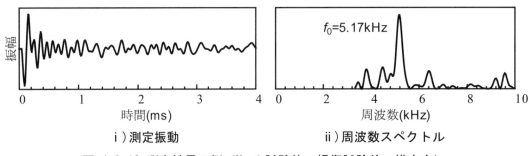

ⅰ）測定振動　　　　　　　　ⅱ）周波数スペクトル

図 4.3.19 測定結果の例（No.1 試験体，損傷試験前，横方向）

以上のようにして得た卓越周波数 f_0 から，以下の A 法および B 法により，静弾性係数および圧縮強度を推定した．

① A 法

卓越周波数から動弾性係数を算出する方法が JIS A 1127 に規定されている[18]．A 法では，先ず，この規格での規定内容に基づき式(4.3.21)により動弾性係数を算出した．

$$E_d = (2Lf_0)^2 \rho \frac{(1+\nu)(1-2\nu)}{(1-\nu)} \times 10^{-6} \tag{4.3.21}$$

ここに，E_d ：動弾性係数（N/mm^2）

f_0 ：卓越周波数（Hz）

L ：反射距離（m）

　　ρ　　：密度（kg/m³）

　　ν　　：ポアソン比

なお，密度は 2300kg/m³ と設定し，ポアソン比は長手方向では 0，短手方向では 0.2 に設定した．

　次に，既往の研究[12]で確認されている動弾性係数と静弾性係数との関係を用いて，式(4.3.21)により算出した動弾性係数を 1.1 で除して静弾性係数を算出した．さらに，示方書[11]に示されている静弾性係数と圧縮強度との関係[11]を用いて，式(4.3.22)により，圧縮強度を推定した．

$$E = \left(2.2 + \frac{f'_c - 18}{20}\right) \times 10^4 \qquad f'_c < 30 \text{ N/mm}^2 \tag{4.3.22}$$

　　ここに，E　：静弾性係数（N/mm²）

　　　　　　f'_c　：圧縮強度（N/mm²）

② B 法

　コンクリートの弾性波伝搬速度と圧縮強度には正の相関関係があるが，この関係式はコンクリートの使用材料，配合によって異なる性質がある．岩野らの既往の研究[15]では，使用材料，配合などが異なる 66 種類のコンクリートで弾性波伝搬速度と圧縮強度を測定し，この条件では，弾性波伝搬速度と圧縮強度には相関係数 0.896 で式(4.3.21)に示す関係にあることを確認した．なお，この関係調査に用いた 66 種類のコンクリートとは，製造が関東，中部，近畿，中国，九州地方の複数の工場で，セメント種類が 4 種類，材齢 28 日時の圧縮強度が 22.5N/mm²～67.7N/mm² であった．土木構造物で一般的に使用されているコンクリートを概ね網羅できていると考えられている．

　ここでは，まず，卓越周波数 f_0 から式(4.3.23)により弾性波伝搬速度を求め，この既往の研究で得た関係式である式(4.3.24)により圧縮強度を算出した．

$$V_p = 2Lf_0 \tag{4.3.23}$$

$$f'_c = 1.224 \times 10^{-17} \times V_p^{5.129} \tag{4.3.24}$$

　　ここに，V_P　：弾性波伝搬速度（m/s）

　　　　　　L　：反射距離（m）

　　　　　　f_0　：卓越周波数（Hz）

　　　　　　f'_c　：圧縮強度（N/mm²）

次に，式(4.3.24)により算出した圧縮強度から式(4.3.22)により静弾性係数を算出した．

　本試験による測定結果の一覧を**表 4.3.21** に示す．なお，損傷試験後においても卓越周波数は測定したが，静弾性係数および圧縮強度は推定しなかった．これは，本試験では，縦波の往復時間（卓越周波数）はコンクリートの弾性係数と正の相関関係にある性質を利用するが，卓越周波数はコンクリートの弾性係数以外にも，伝搬経路中にひび割れなどによる空隙が発生することなどによっても変化する性質がある．例えば，損傷試験後の No.2 試験体の短手方向では，測定された卓越周波数が大きくなったが，これは弾性係数が大きくなったことによる変化ではなく，伝搬経路中に空隙が発生したことによる変化である．以上の結果から，損傷試験後の試験体では，卓越周波数と弾性係数との相関関係は成立しないと判断される．この理由により，損傷試験後の試験体に対しては，静弾性係数および圧縮強度を推定しなかった．

　表 4.3.22 に，衝撃弾性波法で得られた卓越周波数から推定した静弾性係数および圧縮強度を示す．この表に示す結果は，いずれの試験体においても，**表 4.3.21** に示す A 法 短手方向の結果を採用している．手法においては，コンクリートの使用材料や配合で弾性波伝搬速度が変化する B 法よりも，JIS で規定されている A 法を採用することにした．一方，測定方向については，測定される弾性波伝搬速度が試験体のアスペク

ト比で変化すること，また実構造物で測定（アクセス）可能なことを考慮して，短手方向の結果を採用した．

表 4.3.21 測定結果の一覧

試験体名称	状況	測定方向	卓越周波数 (Hz)	A法		B法		
				静弾性係数 (kN/mm²)	圧縮強度 (N/mm²)	弾性波伝搬速度 (m/s)	圧縮強度 (N/mm²)	静弾性係数 (kN/mm²)
No.1 試験体	損傷試験前	長手方向	1488	26.7	27.3	3571.2	20.4	23.2
		短手方向	4735	27.0	26.7	3788.0	27.6	26.8
	損傷試験後	長手方向	1119					
		短手方向	3561					
No.2 試験体	損傷試験前	長手方向	1478	26.3	26.6	3547.2	19.7	22.9
		短手方向	4726	26.9	26.4	3780.8	27.4	26.7
	損傷試験後	長手方向	1150					
		短手方向	5037					

表 4.3.22 衝撃弾性波法で得られた卓越周波数から推定した静弾性係数および圧縮強度

試験体	静弾性係数 (kN/mm²)	圧縮強度 (N/mm²)
No.1 試験体	27.0	26.7
No.2 試験体	26.9	26.4

（執筆者：岩野聡史，内田慎哉）

4.3.2 引張強度

4.3.1 では，原理の異なる 5 つの非破壊試験（「反発度に基づく方法」，「超音波法で得られた伝搬速度に基づく方法」，「機械インピーダンスに基づく方法」，「衝撃弾性波法で得られた伝搬速度に基づく方法」，「衝撃弾性波法で得られた卓越周波数に基づく方法」）から，圧縮強度および静弾性係数を推定した．ここでは，各試験で推定した圧縮強度を，示方書[19]に示されている式(4.3.25)に代入することで，引張強度を推定することにした．表 4.3.23 に No.1 試験体の結果を，表 4.3.24 に No.2 試験体の結果を示す．

$$f_t = 0.23 f_c'^{2/3} \tag{4.3.25}$$

ここに，f_t　：引張強度（N/mm²）

$\quad\quad f_c'$　：圧縮強度（N/mm²）

表 4.3.23 各種非破壊試験から推定した引張強度（No.1 試験体）

非破壊試験	計測面 計測方向	引張強度 (N/mm²)	圧縮強度 (N/mm²)
反発度	S 面	2.61	38.5
	E 面	2.56	37.3
超音波法（伝搬速度）	短手	2.72	40.7
機械インピーダンス	N 面	2.16	28.8
	W 面	2.06	26.8
衝撃弾性波法（伝搬速度）	短手	2.69	40.2
衝撃弾性波法（卓越周波数）	短手	2.05	26.7

表 4.3.24 各種非破壊試験から推定した引張強度（No.2 試験体）

非破壊試験	計測面 計測方向	引張強度 (N/mm²)	圧縮強度 (N/mm²)
反発度	S 面	2.67	39.8
	E 面	2.62	38.7
超音波法（伝搬速度）	短手	2.72	40.8
機械インピーダンス	N 面	2.17	29.1
	W 面	2.13	28.3
衝撃弾性波法（伝搬速度）	短手	2.61	38.3
衝撃弾性波法（卓越周波数）	短手	2.03	26.4

（執筆者：内田慎哉，岩野聡史，川越洋樹，山下健太郎）

4.4　試験体内部の損傷状態

（1）弾性波トモグラフィ法

a）原理

　測定に際しては，アレイ型 DPC センサ（4×12 列・48 個のプローブが配列）を躯体の表面に押付け内部に超音波を伝搬させる．躯体内部を伝搬する超音波は，超音波伝搬特性（音響インピーダンス）が極端に異なる境界で反射し，その反射波をアレイ型センサで再び受信する．測定の結果は，合計 1056 通りの路程信号を演算・合成した色の強弱で断面画像（B スコープ）として瞬時に視覚化される．

　超音波トモグラフィ法の測定概念図を**図 4.4.1** に，技術仕様を**表 4.4.1** に示す．

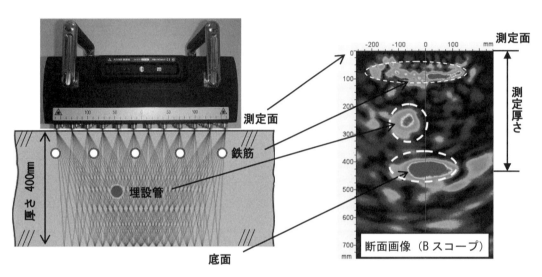

図 4.4.1 超音波トモグラフィ法の測定概念図

表 4.4.1 超音波トモグラフィ法で使用した装置の技術仕様[1]

[文献 1) 日本マテック株式会社：コンクリート用超音波トモグラファー探傷システム A1040 MIRA, http://www.matech.co.jp/pdf/acs/a1040new.pdf，参照日 2021 年 5 月 26 日]

項目	仕様	項目	仕様
最小探傷範囲	50mm	PC インターフェース	USB
最大探傷範囲	2000mm	動作温度範囲	-10℃〜50℃
最小欠陥検出寸法	深さ 100mm で直径 50mm	寸法	380×130×140mm
モニター画面寸法	5.7 インチ TFT カラー	重量	4.5kg
内臓メモリー	Flash-memory	プローブ周波数	50kHz
電源	内臓充電式リチウム電池	同上帯域幅(-6dB)	25〜80kHz
バッテリー動作時間	5 時間	波動モード	横波

b）測定

測定は No.1 および No.2 試験体のそれぞれ N 面および S 面で行った．損傷試験後に試験体内部の損傷状態を把握するため本装置に搭載されている 3D 表示機能を使い，試験面全面の走査を行った．

c）結果

損傷試験前に行った超音波トモグラフィ法の画像には，**図 4.4.2** に示すように部材断面の中央付近に鉄骨からの反射画像が確認されていた．しかしながら，損傷試験後の内部状況を示す**図 4.4.3** の画像には，No.1 および No.2 の試験体ともに中央付近での鉄骨からの反射画像が消失していた．画像消失の原因として，コンクリート内部のクラックや骨材とペーストの剥離などが考えられ，それ故にコンクリートと内部鉄骨が付着不良になっている可能性が考えられる．

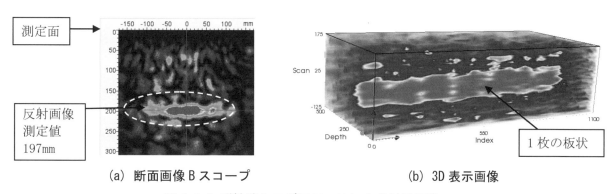

（a）断面画像 B スコープ　　　　　　　（b）3D 表示画像

図 4.4.2 弾性波トモグラフィ法による結果画像

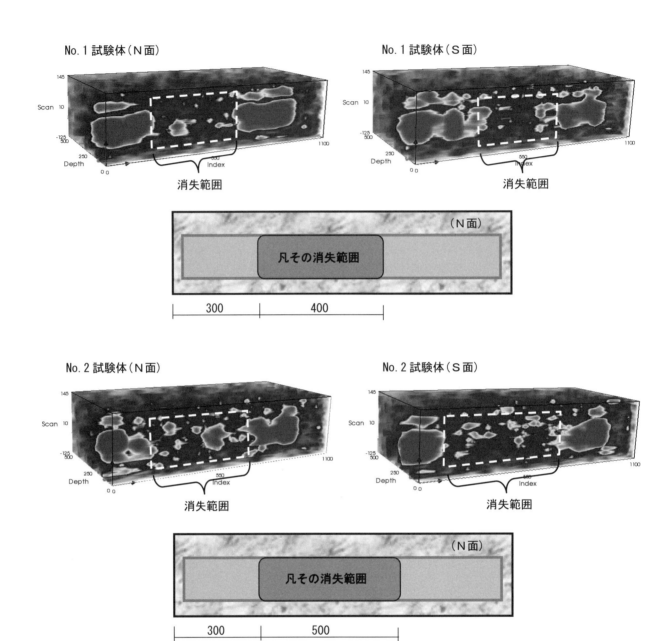

図 4.4.3 損傷試験後の超音波トモグラフィ法による画像

（執筆者：川越洋樹）

（2）局所振動試験

a）原理

図 4.4.4 の動電式加振器（質量 1.8kg，最大加振力 50N，可変周波数 20-20,000Hz）を使用して，**図 4.4.5** に示すように，SRC はりの上面から局所的な振動を励起する．健全箇所では，はりの上面と下面を往復する重複反射波による共振を励起する．一方，損傷箇所では，コンクリート内部のひび割れや空隙周りを波が回折するため，固有周期が長くなり，共振周波数は低下する[20),21)]．このような試験方法と原理を踏まえて，損傷試験と破壊試験後の SRC 試験体の局所振動試験を実施し，共振周波数の低下に着目して，鉄骨とコンクリートの付着状態の推定[22)]を試みた．

図 4.4.4　動電式加振器

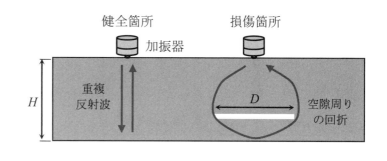

図 4.4.5　　局所振動試験の概略図

b）測定

No.1 および No.2 試験体の上面から**図 4.4.5** の局所振動試験を行った．測点間隔は，軸方向に 50mm とし，ホワイトノイズを用いたランダム加振を行った．加振器の設定に際しては，周波数帯域 1000-5000 Hz に渡ってパワースペクトル密度を 1.55 $(m/s^2)^2/Hz$ に制御した．このとき，時刻歴波形の振幅の実効値は 79 m/s^2 である．加振点から 50-100 mm 程度離れた位置に圧電式加速度センサを接触させて，5-10 秒程度の応答を平均処理して，共振曲線（周波数応答関数）を測定した．

c）結果

健全状態を基準とした共振周波数比 f/f_0 を用いて，No.1 および No.2 試験体の鉄骨の付着状態を推定する．健全な構造物に対して非破壊試験が実施されることは多くないと考え，ここでは，1 次元棒の縦振動の理論式(4.4.1)を用いて，健全状態での共振周波数 f_0 を簡易的に求めた[20),21)]．

$$f_0 = \frac{c}{2H} \tag{4.4.1}$$

ここに，c：　音速（m/s）

H：断面高さ（$H = 0.4$m）

音速 c は超音波法などの非破壊試験によって測定できるが，ここでは簡易的に $c = 3600$ m/s を仮定して，式(4.4.1)より $f_0 = 4500$ Hz を求めた．なお，一般的な配合によるコンクリートの音速は 3500-4000 m/s 程度であり，SRC 構造物では，鋼材による拘束，部材形状，支点の影響などにより，見掛けの音速 c が 1-2 割程度変化すると考えられる．しかし，後述するように，音速 c の仮定に 1-2 割程度の誤差を含んでも，鉄骨の付着状態の評価には大きく影響しなかった．

　試験結果の一例として，損傷試験後の No.1 および No.2 試験体のスパン中央位置で測定した共振曲線を**図4.4.6** に示す．振幅の最大ピークに対応する周波数を共振周波数と定義すると，図より，No.1 および No.2 試験体の共振周波数 f はそれぞれ 2130 Hz および 2050 Hz であった．これらの試験結果と式(4.4.1)で得られた値を比較すると，損傷試験後の No.1 と No.2 試験体では，いずれも健全状態（f_0 = 4500 Hz）の半分程度まで共振周波数が低下した．**図 4.4.5** に示すように，本試験はコンクリート内部のひび割れや空隙周りの波の回折を捉えるものであり，載荷に伴う鉄骨の滑りにより鋼–コンクリート境界面に薄い空隙が形成され，共振周波数が低下したものと推察される [22]．

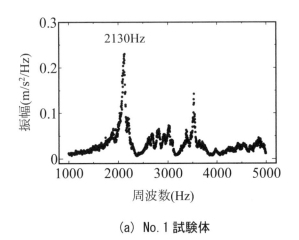

(a) No.1 試験体

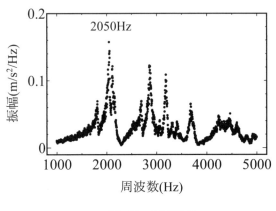

(b) No.2 試験体

図 4.4.6 共振曲線（損傷試験後）

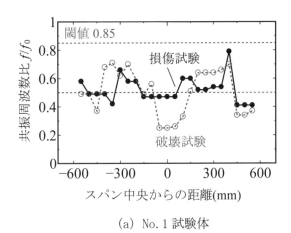

(a) No.1 試験体

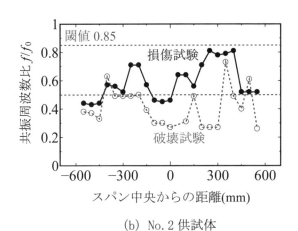

(b) No.2 供試体

図 4.4.7 共振周波数比の分布（損傷試験と破壊試験の比較）

　損傷試験および破壊試験後の局所振動試験の結果を**図 4.4.7** に整理した．図の縦軸は，測点ごとの共振周波数 f を式(4.4.1)の計算値 f_0（= 4500 Hz）で除した共振周波数比 f/f_0 を示した．つまり f/f_0 = 1 が健全な状態であり，f/f_0 が低下するほど損傷が大きくなる．既往の研究では，コンクリート構造物の健全箇所で測定した 591 個のデータの統計分析により，本手法による共振周波数比 f/f_0 の平均値は 1.00，変動係数は 7.4%，データの 95%は共振周波数比 0.85-1.15 の範囲に含まれることが報告されている [23]．この測定精度の検討結果を踏まえて，**図 4.4.7** には共振周波数比 f/f_0 = 0.85 を閾値とする健全判定のライン（点線）を示した [21]．このラインを下回る測点は，損傷箇所である可能性を示している．

　図より，損傷試験後の No.1 および No.2 試験体では，全長にわたって共振周波数比が 0.85 を大きく下回っており，端部を含む多くの測点で共振周波数比 0.5 程度となった．さらに破壊試験後には，スパン中央付近の共振周波数比が 0.2 程度まで低下した．

　既往の研究では，共振周波数比と空隙寸法の関係式が示されている [21]．

$$\frac{f}{f_0} = 1 - \frac{D}{2H} \tag{4.4.2}$$

$$D = \sqrt{D_x D_y} \tag{4.4.3}$$

　　　ここに，D_x：　軸方向の空隙寸法（上限 $2H$）

　　　　　　　D_y：　直交方向の空隙寸法（上限 $2H$）

　図 4.4.7 を参照すると，損傷試験後の No.1 および No.2 試験体では，いずれも端部まで共振周波数比が大きく低下した．これは，載荷によってコンクリート内部の鉄骨が滑り，鉄骨とコンクリート境界面に空隙が形成されたものと推察される．さらに，多くの測点にて共振周波数比は 0.5 程度まで低下した．そこで，式 (4.4.2) と式 (4.4.3) に $f/f_0 = 0.5$，$H = 400$ mm，および $D_x = 800$ mm を代入すると，$D_y = 200$ mm が求まった．すなわち，No.1 および No.2 試験体では，損傷試験の段階で全長にわたって鉄骨の滑りが生じており，断面内の鉄骨の幅は 200 mm 程度であると推定された．

　さらに，破壊試験後には共振周波数比が 0.2 程度まで低下したが，これは鉄骨の滑りに加えて，載荷による試験体のひび割れが剛性（共振周波数）を低下させたものと考えられる．

（執筆者：内藤英樹）

4.5　まとめ

本章では，各種非破壊試験を併用することで，「鋼材の配置」，「コンクリートの物性値」および「損傷試験後の試験体内部の状態」を評価することを試みた．以下に得られた結論を示す．

(1) 鋼材の配置

鉄骨の有無は弾性波トモグラフィ法，鉄骨の位置は弾性波トモグラフィ法（ウェブ）および電磁波レーダ法（下フランジ），鉄筋の位置は電磁波レーダ法，鉄筋のかぶりおよび径は電磁誘導法で推定した．各試験体で推定した結果を，図 4.5.1 および図 4.5.2 に示す．

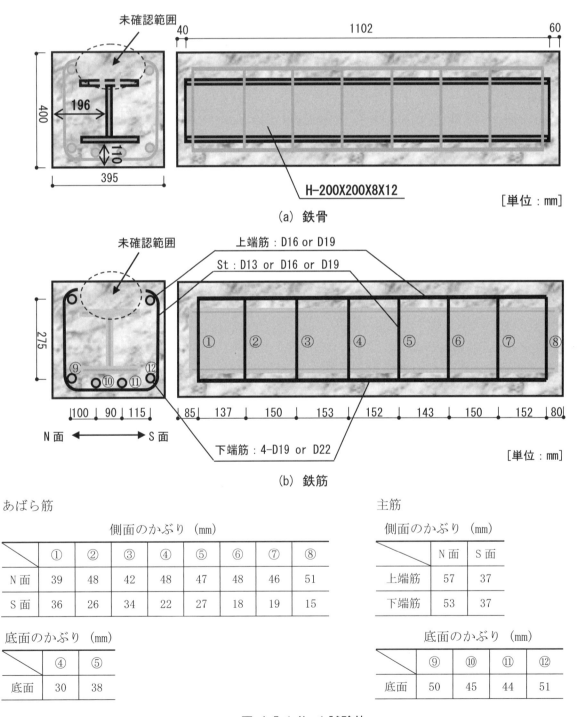

あばら筋

側面のかぶり（mm）

	①	②	③	④	⑤	⑥	⑦	⑧
N 面	39	48	42	48	47	48	46	51
S 面	36	26	34	22	27	18	19	15

底面のかぶり（mm）

	④	⑤
底面	30	38

主筋

側面のかぶり（mm）

	N 面	S 面
上端筋	57	37
下端筋	53	37

底面のかぶり（mm）

	⑨	⑩	⑪	⑫
底面	50	45	44	51

図 4.5.1 No.1 試験体

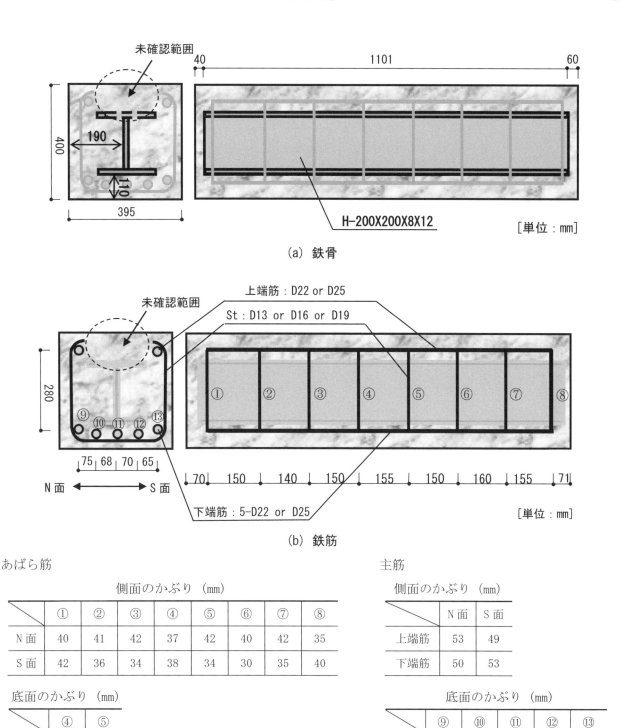

（a）鉄骨

（b）鉄筋

あばら筋

側面のかぶり（mm）

	①	②	③	④	⑤	⑥	⑦	⑧
N 面	40	41	42	37	42	40	42	35
S 面	42	36	34	38	34	30	35	40

底面のかぶり（mm）

	④	⑤
底面	40	36

主筋

側面のかぶり（mm）

	N 面	S 面
上端筋	53	49
下端筋	50	53

底面のかぶり（mm）

	⑨	⑩	⑪	⑫	⑬
底面	48	44	43	44	48

図 4.5.2 No.2 試験体

なお，No.1 および No.2 試験体のいずれにおいても，鉄骨および鉄筋の機械的性質は不明である．

(2) コンクリートの物性値

損傷試験前において，原理の異なる 5 つの非破壊試験から，コンクリートの物性値（圧縮強度，静弾性係数，引張強度）を評価した．評価にあたっては，いずれの非破壊試験においても，各種試験で得られた測定値を経験的・理論的な関係式に代入することで推定値を求め，さらに推定値からコンクリート標準示方書あるいは既往研究を参照して換算値を算出した．表 4.5.1 に，各種非破壊試験におけるコンクリートの物性値を推定するプロセスを示す．表 4.5.2 および表 4.5.3 に，非破壊試験で評価した各試験体のコンクリートの物性値をそれぞれ示す．

表 4.5.1 各非破壊試験におけるコンクリートの物性値を評価するプロセス

非破壊試験	測定値	推定値	換算値	備考
反発度に基づく方法	反発度	圧縮強度	静弾性係数	コンクリート標準示方書
機械インピーダンスに基づく方法	機械インピーダンス		引張強度	コンクリート標準示方書
超音波法で得られた伝搬速度に基づく方法	伝搬速度		静弾性係数	既往研究
衝撃弾性波法で得られた伝搬速度に基づく方法	伝搬速度	動弾性係数	圧縮強度	コンクリート標準示方書
衝撃弾性波法で得られた卓越周波数に基づく方法	卓越周波数		引張強度	コンクリート標準示方書

表 4.5.2 各種非破壊試験から評価したコンクリートの物性値（No.1 試験体）

非破壊試験	計測面 計測方向	圧縮強度 (N/mm^2)	静弾性係数 (kN/mm^2)	引張強度 (N/mm^2)
反発度	S 面	38.5	30.6	2.61
	E 面	37.3	30.2	2.56
超音波法（伝搬速度）	短手	40.7	31.1	2.72
機械インピーダンス	N 面	28.8	27.4	2.16
	W 面	26.8	26.4	2.06
衝撃弾性波法（伝搬速度）	短手	40.2	31.0	2.69
衝撃弾性波法（卓越周波数）	短手	26.7	27.0	2.05

表 4.5.3 各種非破壊試験から評価したコンクリートの物性値（No.2 試験体）

非破壊試験	計測面 計測方向	圧縮強度 (N/mm^2)	静弾性係数 (kN/mm^2)	引張強度 (N/mm^2)
反発度	S 面	39.8	31.0	2.67
	E 面	38.7	30.6	2.62
超音波法（伝搬速度）	短手	40.8	31.2	2.72
機械インピーダンス	N 面	29.1	27.6	2.17
	W 面	28.3	27.2	2.13
衝撃弾性波法（伝搬速度）	短手	38.3	30.7	2.61
衝撃弾性波法（卓越周波数）	短手	26.4	26.9	2.03

表 4.5.2 および表 4.5.3 に示す上限値から下限値までの範囲を，最終的なコンクリートの物性値として確定した．結果を表 4.5.4 に示す．

表 4.5.4 コンクリートの物性値

	圧縮強度 (N/mm²)	静弾性係数 (kN/mm²)	引張強度 (N/mm²)
No.1 試験体	26.7〜40.7	26.4〜31.1	2.05〜2.72
No.2 試験体	26.4〜40.8	26.9〜31.2	2.03〜2.72

(3)　損傷試験後の試験体内部の状態

弾性波トモグラフィ法および局所振動試験を適用した結果，いずれの試験体においても，損傷実験により，はり中央付近において鉄骨ウェブおよびフランジとコンクリートとの付着は断たれており，断面内部の鉄骨の滑りが生じていたと判断した．

（執筆者：内田慎哉，内藤英樹）

参考文献

1)　日本マテック株式会社：コンクリート用超音波トモグラファー探傷システム A1040 MIRA，http://www.matech.co.jp/pdf/acs/a1040new.pdf，参照日 2021 年 5 月 26 日

2)　一般社団法人日本非破壊検査協会：非破壊検査技術シリーズ 超音波探傷試験 II，p.32，p.74，2000 年

3)　針生智夫：スマートフォン対応 RC レーダ，検査技術，Vol.22，No.12，pp.42-47，2017 年

4)　NDIS 3429:2011：電磁波レーダによるコンクリート構造物中の鉄筋探査方法，一般社団法人日本非破壊検査協会，2011 年

5)　一般社団法人日本非破壊検査工業会：コンクリート中の配筋探査講習会テキスト，第 V 部電磁誘導法，V-5，2017 年

6)　社団法人日本非破壊検査協会編：新コンクリートの非破壊試験，技報堂出版，pp.105-106，2010 年

7)　JIS A 1155:2012：JIS ハンドブック 9 建築 II（試験），コンクリートの反発度の測定方法，2016 年

8)　日本建築学会：コンクリート強度推定のための非破壊試験方法マニュアル，p.23，1983 年 2 月

9)　公益社団法人日本材料学会：シュミットハンマーによる実施コンクリートの圧縮強度判定方法指針（案），第 7 巻，第 59 号，p.40，1958 年

10)　DIN4240：Kugelschlagprüfung von Beton mit dichtem Gefüge，1962.4

11)　土木学会：2017 年制定コンクリート標準示方書【設計編】，p.43，2018 年 3 月

12)　土木学会コンクリート委員会：コンクリート技術シリーズ No.73 弾性波法の非破壊検査研究小委員会報告書および第 2 回弾性波法によるコンクリートの非破壊検査に関するシンポジウム講演概要集，pp.36-37，2007 年 2 月

13)　NDIS3434-3:2017 コンクリートの非破壊試験－打撃試験方法-第 3 部：機械インピーダンス試験方法，一般社団法人日本非破壊検査協会，2017 年 3 月

14)　NDIS2426-2:2014 コンクリートの非破壊試験－弾性波法-第 2 部：衝撃弾性波法，一般社団法人日本非破壊検査協会，2014 年 9 月

15)　岩野聡史，森濱和正，渡部正：衝撃弾性波法と微破壊試験の併用による構造体コンクリートの圧縮強度推定方法の提案，土木学会論文集 E2，Vol. 69，No. 2，pp. 138-153，2013 年

16)　Carino, N. J., Sansalone, M. and Hsu, N. N.：A Point Source-Point Receiver, Pulse-Echo Technique for Flaw Detection in Concrete, ACI Journal, Vol. 83, pp. 199-208, 1986. 3

17)　三谷宗平，内田慎哉，岩野聡史，久保元樹：周波数解析方法の違いが衝撃弾性波法によるコンクリートの圧縮強度および部材厚さの評価に与える影響コンクリート工学年次論文集，Vol. 39，No. 1，pp. 1957-1962，2017 年 6 月

18)　JIS A 1127 : 2010：共鳴振動によるコンクリートの動弾性係数，動せん断弾性係数及び動ポアソン比試験方法，一般社団法人日本規格協会，pp. 9-12，2010 年 9 月

19)　土木学会：2017 年制定コンクリート標準示方書【設計編】，p. 39，2018 年 3 月

20)　Hideki Naito, John E. Bolander：Damage detection method for RC members using local vibration testing, Engineering Structures, Vol. 178, pp. 361-374, 2019

21)　Hideki Naito, Ryosuke Sugiyama, John E. Bolander：Local Vibration Testing and Damage Evaluation for RC Bridge Decks, Journal of Structural Engineering, Vol. 146, No. 9, 2020. 9

22)　神宮裕作，内藤英樹，鈴木基行：合成構造における鋼コンクリート付着状態の非破壊評価，コンクリート工学年次論文集，Vol. 39，No. 2，pp. 1027-1032，2017 年

23)　内藤英樹，杉山涼亮，松本泰季，堀見慎吾，鈴木基行：強制加振試験による RC 構造物の簡易点検手法の検討，土木学会第 72 回年次学術講演会，V-142，pp. 283-284，2017 年

第5章　解析・評価

5.1　概要

　実構造物の点検，評価においては，定期点検による目視を主とした点検結果に基づき，対象構造部材の安全性や使用性を推定し，必要に応じて詳細点検を行い構造性能を評価した上で，必要な対策が検討されることが多い．しかし，各段階の点検で得られる結果の項目やその精度によって，評価結果にばらつきが生じることが考えられる．また，点検結果に基づいて部材の性能を評価するための手順や手法が体系的に確立されていないため，評価者が選択する手順や手法，判断基準によっても，評価結果が異なる可能性がある．このような課題に対する議論を行うために，点検結果に基づいて構造部材の性能を評価するプロセスを想定して，3章で実施された部材載荷実験におけるSRC部材を対象として，4章で得られた点検データと解析に基づく曲げ特性の評価を行った．解析および評価は，担当者ごとに検討手順・手法，解析モデルを自由に設定して，部材載荷実験における荷重-変位関係，損傷実験で経験した最大荷重を推定することとした．なお，評価にあたっては，実務における評価を想定して以下に示すように，定期点検の結果に基づく評価であるレベル1と，詳細点検の結果に基づく評価であるレベル2の2段階を設定した．なお，今回の検討では，3名の担当者が解析・評価を実施しており，ここでは，それぞれの検討事例について報告する．

- ・　レベル1：定期点検の結果から得られる範囲での評価を想定して，目視で得られる寸法，支持条件，ひび割れ図のみを用いた評価を行う．
- ・　レベル2：詳細点検の結果を踏まえた評価を想定して，レベル1で使用した目視を主とした点検データに非破壊試験の結果を加えて評価を行う．

（執筆者：曽我部直樹）

5.2　目的

　部材載荷実験で構造性能を検証したSRC部材を対象として，点検結果を用いた解析に基づく評価を行うことにより，各段階の点検結果が構造部材の性能評価に及ぼす影響について考察する．また，複数の技術者による評価を行うことで検討手順や使用する解析方法，判断基準の相違が，評価結果に及ぼす影響を明らかにする．

（執筆者：曽我部直樹）

5.3　点検より渡されるデータ

5.3.1　レベル1（目視点検）を想定した情報
　点検WGから解析WGに，損傷実験後および破壊実験後に目視で確認できる点検情報として，**図5.3.1**

に示す試験体寸法と載荷条件，および**図 5.3.2〜図 5.3.5** の外観写真とひび割れ図を解析担当者に提供した．

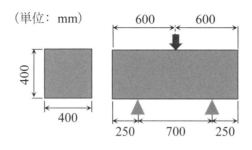

図 5.3.1　試験体の寸法と載荷条件

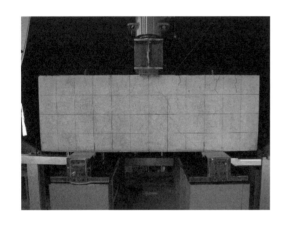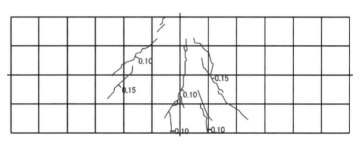

図 5.3.2　損傷実験後の No.1 試験体の外観写真とひび割れ図

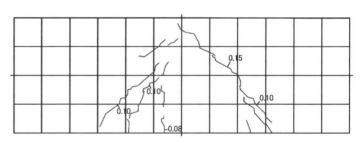

図 5.3.3　損傷実験後の No.2 試験体の外観写真とひび割れ図

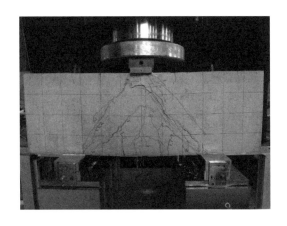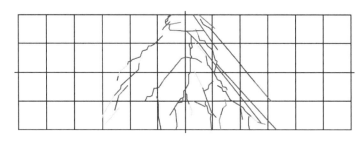

図 5.3.4　破壊実験後の No.1 試験体の外観写真とひび割れ図

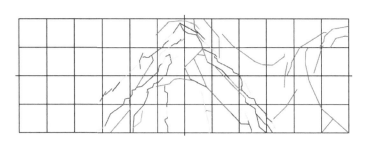

図 5.3.5　破壊実験後の No.2 試験体の外観写真とひび割れ図

5.3.2　レベル 2（詳細点検）を想定した情報

詳細点検を想定した情報として，非破壊試験の結果を踏まえた以下の情報を点検 WG から解析 WG に引き渡した.

（1）鋼材の配置

4 章 点検の結果より，断面内の鋼材の寸法および配置は，**図 5.3.6 および図 5.3.7** の情報を渡した. なお，スターラップの圧縮側の閉合状態は不明であるため，モデル化は解析担当者の判断に委ねられた.

（2）鋼材の材料特性

4 章 点検では，鋼材の材料特性に関する調査を実施していない. このため，鉄骨と鉄筋に関する材料特性は，鋼材の鋼種を仮定するなど，解析担当者の判断に委ねられた.

（3）コンクリートの材料特性

4 章 点検の結果より，**表 5.3.1** の情報を引き渡した. 表中の数値は幅を持つが，そのまま解析担当者に提供した.

（4）鉄骨とコンクリートの付着状態

4 章 点検の結果より，損傷試験によって，いずれの試験体でもスパン中央付近の鉄骨とコンクリートの付着は断たれており，断面内の鉄骨の滑りが生じていることを解析担当者に情報提供した.

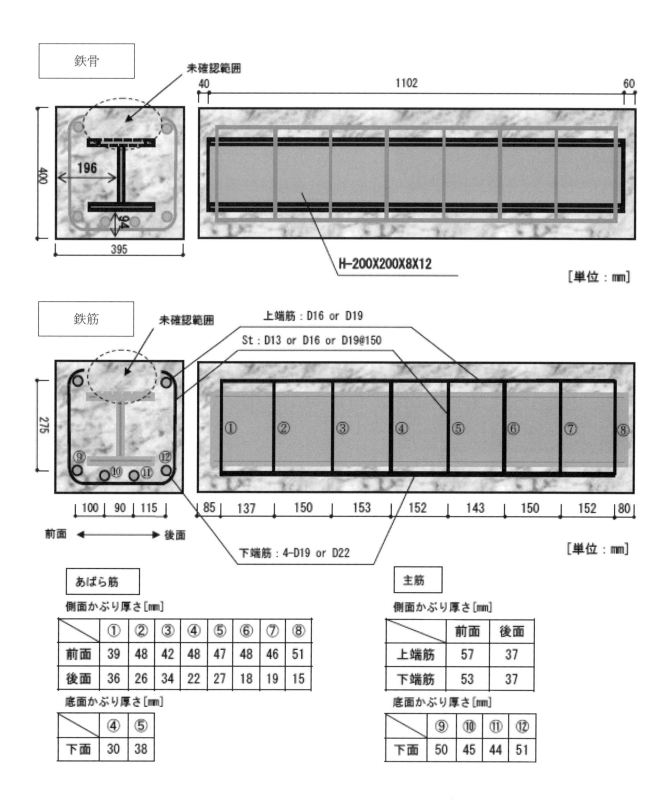

図 5.3.6　非破壊試験によって推定された鉄骨および鉄筋の寸法と配置（No.1 試験体）

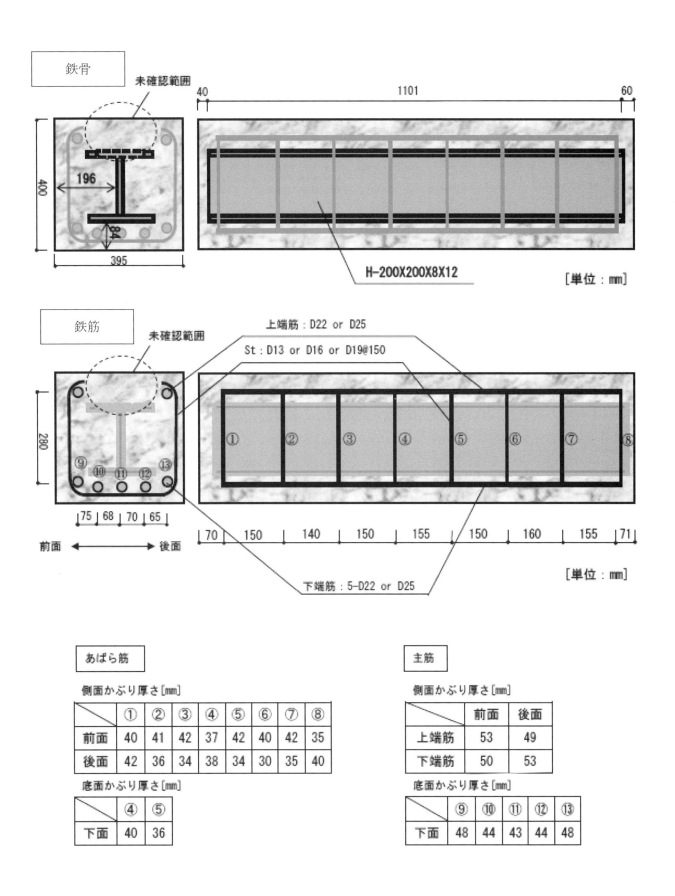

図 5.3.7　非破壊試験によって推定された鉄骨および鉄筋の寸法と配置（No. 2 試験体）

表 5.3.1　非破壊試験によって推定されたコンクリートの物性値

	圧縮強度 (N/mm²)	静弾性係数 (kN/mm²)	引張強度 (N/mm²)
No.1 試験体	26.7〜40.7	26.4〜31.1	2.05〜2.72
No.2 試験体	26.4〜40.8	26.9〜31.2	2.03〜2.72

（執筆者：内藤英樹）

5.4　解析ケース1

5.4.1　検討手順・手法

　本検討では，部材載荷実験を行った 2 体の SRC 部材を対象として，レベル 1 およびレベル 2 の 2 段階の点検データを用いることを想定した性能評価を行った．

　レベル 1 では，目視で把握できる試験体寸法，支持条件および実験時に観察されたひび割れ状況と，対象部材の内部に JIS 規格の H 形鋼が埋設されている SRC 部材であることを前提条件として，荷重-変位関係と損傷実験で経験した載荷荷重の推定を行った．なお，これらの推定を行う上で必要となる鋼材，配筋，コンクリートに関する諸元については，構造細目から想定される範囲を設定した．その上で，設定した各パラメータの範囲に対して断面計算や設計式に基づく曲げ耐力，せん断耐力の簡易的な評価を行い，影響度の大きなパラメータを抽出した．そして，抽出したパラメータに基づき，SRC 部材の荷重-変位関係として想定され得る上限および下限の評価と，損傷実験で経験した載荷荷重の推定を目的とした FEM 解析を実施した．以下に，レベル 1 を想定した検討手順について示す．

　1．上記与条件と構造細目から鋼材および配筋，コンクリートの諸元の範囲を推定
　2．推定された範囲について設計式に基づく曲げ耐力，せん断耐力の評価を行い，影響度の大きいパラメータを設定して，FEM 解析における解析ケースを設定
　3．設定した解析ケースについて，FEM 解析を実施
　4．FEM 解析によって No.1，2 試験体の荷重−変位関係を範囲として推定
　5．ひび割れ性状から損傷実験における載荷荷重を推定

　レベル 2 では，レベル 1 において構造細目および設計式による簡易的な評価で設定した鋼材，鉄筋，コンクリートの諸元について，4 章で得られた非破壊試験の結果を反映させた性能評価を行った．以下に，レベル 2 を想定した検討手順について示す．

　1．鋼材，配筋，コンクリートについて，非破壊試験の結果を反映した解析ケースを試験体毎に設定
　2．設定した解析ケースについて，FEM 解析を実施
　3．FEM 解析によって No.1，2 試験体の荷重−変位関係をそれぞれ推定
　4．ひび割れ性状から損傷実験における載荷荷重を推定

　最後に，レベル 1 およびレベル 2 で得られた評価結果と実験結果を比較することにより，点検で得られた

結果を段階的に適用した SRC 部材の構造性能の評価について考察を行った．

5.4.2　レベル 1 を想定した解析条件の設定

　試験体寸法については，目視による計測結果から**図 5.4.1** に示すように，断面高さ 400mm，幅 400mm，長さ 1200mm の梁試験体であると設定した．支持条件についても同様に，両端ピンローラーの 3 点曲げ載荷であり，載荷点から支点中央までの距離を 350mm とした．また，試験体は，内部に JIS 規格の H 形鋼が埋設された SRC 部材であることを前提した．載荷実験における損傷状況としては，外観の目視検査結果として，2 体の試験体の損傷実験および破壊実験の終了時に側面から撮影された写真（**表 5.4.1**）が得られている．これらの情報では設定できない試験体内部の鋼材，鉄筋，コンクリートについては，土木学会 2017 年制定コンクリート標準示方書 設計編 [1] や土木学会 2014 年制定 複合構造標準示方書 原則編・設計編 [2] に記載される構造細目を参考として設定した．かぶり，あき，引張鋼材およびせん断補強鉄筋の設定において，適用した構造細目について**表 5.4.2** に示す．

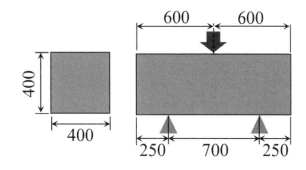

図 5.4.1　目視観察で確認された試験体の寸法，支持条件

表 5.4.1　載荷実験における損傷状況

試験体	損傷実験	破壊実験
No.1 試験体		
No.2 試験体		

表 5.4.2　各種条件の設定で用いた構造細目

かぶり	鋼材	100mm 以上とするのがよい（複合標準[2]）
	鉄筋	鉄筋の直径以上，4/3×Gmax とするのが望ましい（コン示[1]）
あき	鋼材	鉄筋と鋼材のあきは，40mm 以上かつ 4/3×Gmax（Gmax は最大粗骨材寸法）かつ鉄筋の直径以上（複合標準[2]）
	鉄筋	20mm 以上かつ鉄筋直径以上かつ 4/3Gmax（コン示[1]）
引張鋼材量		曲げモーメントの影響が大きい場合，引張鋼材比 0.3%以上（コン示[1]）
せん断補強鉄筋量		鉄骨鉄筋併用部材では 0.15%以上

上記の条件から，対象とする SRC 部材の配筋について，以下のように設定した．

・ 鋼材と鉄筋とのあきが 40mm 程度確保されていると仮定した場合，断面内に配置できる最大の H 形鋼は H200x200 であるため，ここでは H200x200 が設置されていると仮定する．鋼材のかぶりを 100mm 確保するためには，H 形鋼を断面中央に設置する必要があるため，H 形鋼の設置位置は断面中央とする．

・ 軸方向鉄筋のかぶりと鋼材とのあきを考慮すると，引張鉄筋，圧縮鉄筋は 1 段配筋であり，芯かぶりは 50mm 程度であると推定される．また，構造細目から決まる本試験体の最大引張鉄筋比は 2.2%程度（D25 を 1 段配筋で 6 本設置）であると推定される．

・ 上記仮定に基づいて決定された軸方向鉄筋位置から，配置可能なせん断補強鉄筋は D19 が最大であり，最大せん断補強鉄筋比は 2.87%程度（D19 を 50mm ピッチ）であると推定される．

与条件および構造細目を考慮して推定される断面について，**図 5.4.2** に示す.

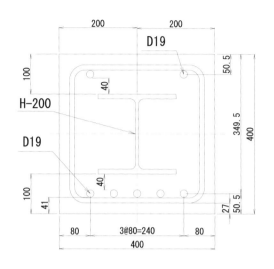

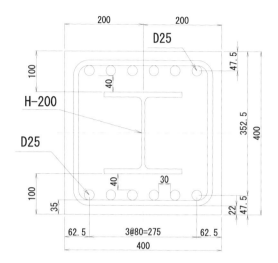

推定される断面の一例

引張鉄筋：D19×5 本，圧縮鉄筋：D19×2 本

せん断補強鉄筋：D13

推定される断面の一例（軸方向鉄筋量最大）

引張鉄筋：D25×6 本，圧縮鉄筋：D25×6 本

せん断補強鉄筋：D13

図 5.4.2　構造細目から推定される断面

　次に，断面計算，設計式を用いたパラメトリックな評価によって，評価対象とした SRC 部材の曲げ耐力，せん断耐力に大きく影響するパラメータの抽出を行った. 曲げ耐力については，H 形鋼を離散化した鋼材要素とした断面計算を行い，圧縮縁のコンクリートのひずみが 3500μ に達した時点の値を評価した. また，せん断耐力については，評価対象とする SRC 部材のせん断スパン比が 1.0 であることから，ディープビームとみなして複合構造標準示方書から算定されるせん断圧縮破壊耐力として評価した. 本検討における計算条件を**表 5.4.3〜表 5.4.7**に示す. パラメータは，引張鉄筋比とコンクリートの圧縮強度，せん断補強鉄筋比とした. また，鋼材の強度も同様に SS400 の降伏強度は JIS 規格の下限値（t≦16mm で 245N/mm²）に対して，流通している鋼材の強度として**表 5.4.6**に記載される値とした.

表 5.4.3　評価対象とした SRC 部材の諸元

断面寸法 （mm）				載荷条件		
幅 b	高さ h	有効高さ d	載荷板幅 r	支持部前面から載荷点までの距離 a_v	a_v/d	
400	400	350 程度	100	300	0.86	

表 5.4.4　引張，圧縮鉄筋の諸元

規格	降伏強度 N/mm²	弾性係数 N/mm²	かぶり mm	引張鉄筋比 圧縮鉄筋比
SD345	400	200,000	50 程度	0.3%〜2.2%

表 5.4.5 せん断補強鉄筋の諸元

規格	降伏強度 N/mm²	弾性係数 N/mm²	せん断補強鉄筋比
SD345	400	200,000	0.15%～2.8%

表 5.4.6 鋼材の諸元

規格	降伏強度 N/mm²	弾性係数 N/mm²	かぶり mm
SS400	300	200,000	100

表 5.4.7 コンクリートの諸元

圧縮強度 N/mm²	終局ひずみ
20～50	0.0035

図 5.4.3～図 5.4.5 にコンクリートの圧縮強度，引張鉄筋比，せん断補強鉄筋比をパラメータとした計算結果について示す．コンクリート圧縮強度については，曲げ耐力よりもせん断耐力に及ぼす影響が大きいことが分かる．また，引張鉄筋比については，せん断耐力よりも曲げ耐力に及ぼす影響が大きく，引張鉄筋比が増加することにより，破壊モードが曲げ破壊からせん断破壊へ移行する傾向が確認できる．せん断補強鉄筋比については，せん断耐力に及ぼす影響が小さい結果となっている．これは，せん断耐力を，ディープビームを想定したせん断圧縮破壊耐力として評価しているためであり，この場合，せん断補強鉄筋比よりもコンクリートの圧縮強度の方がせん断耐力に大きく影響することになる．

破壊モードと耐力への影響が大きいパラメータが，コンクリートの圧縮強度と引張鉄筋比であることから，構造細目などから設定されるそれぞれのパラメータの上限値および下限値を組み合わせた FEM 解析によって，評価対象とする SRC 部材の荷重-変位関係の上限と下限が推定できると判断できる．

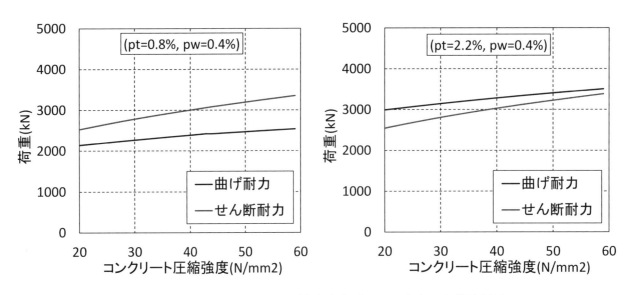

図 5.4.3 コンクリートの圧縮強度をパラメータとした計算結果

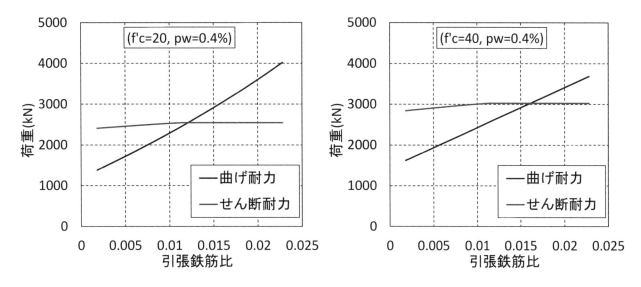

図 5.4.4　引張鉄筋比をパラメータとした計算結果

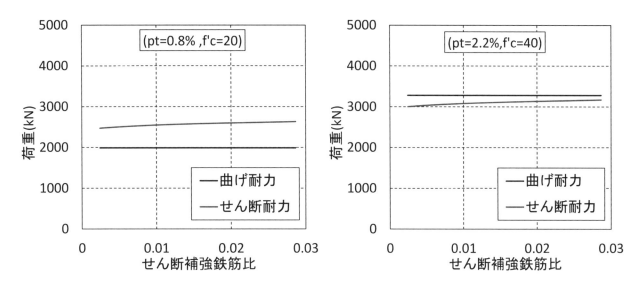

図 5.4.5　せん断補強鉄筋比をパラメータとした計算結果

5.4.3 レベル1を想定した FEM 解析による性能評価

　前節で設定した条件に基づき，評価対象とした SRC 部材の荷重-変位関係として想定される上限，および下限と，損傷実験で経験した載荷荷重の推定を行うため，2 ケースの FEM 解析を行った.

　解析については，汎用有限要素解析コード DIANA（Ver.10.2）による 3 次元有限要素解析を実施した．**図 5.4.6** に解析モデルを示す．解析モデルは，試験体の軸方向と幅方向の対称性を考慮した 1/4 モデルとした．コンクリートと載荷プレートはソリッド要素，H 形鋼はシェル要素，鉄筋は埋込み鉄筋要素とした.

　コンクリートには固定ひび割れモデルを使用した．圧縮側の構成則については，破壊エネルギーを考慮した Parabolic 曲線とし，引張側構成則には Hordijk のモデルを適用した．鉄筋と H 形鋼の応力 - ひずみ関係は，完全弾塑性モデルとした．H 形鋼とコンクリート間にはインターフェース要素を配置し，粘着力を考慮しないモールクーロンの摩擦則を適用した.

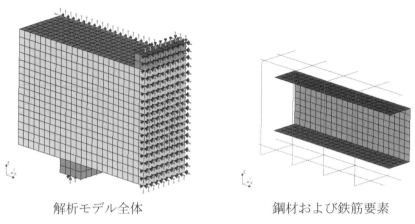

解析モデル全体　　　　　　　　鋼材および鉄筋要素

図 5.4.6　解析モデル

　解析ケースを**表 5.4.5**，各ケースの断面図を**図 5.4.7**に示す．Case-1 では，荷重-変位関係の下限を推定するため，軸方向鉄筋比を構造細目から決定される下限値付近とし，コンクリート強度を 30N/mm² とした．Case-2 では，荷重-変位関係の上限を推定するため，引張鉄筋比を構造細目から決定される上限値とし，コンクリート強度を 50N/mm² とした．せん断補強鉄筋比と H 形鋼の形状，各種鋼材の材質は両試験体で同じとし，各種鋼材の材料強度は実強度相当とした．

表 5.4.5　レベル 1 における解析ケース

解析ケース	引張鉄筋	圧縮鉄筋	せん断補強筋比	H 形鋼	コンクリート強度
Case-1	0.37%　D13×4 本　SD345 E=2.0x10⁵N/mm²,f_y=400 N/mm²		0.4% D13 @150mm SD345 材料強度は 左記と同じ	H200x200 SS400 E=2.0x10⁵N/mm² f_y=300 N/mm²	30N/mm²
Case-2	2.2%　D25×6 本　SD345 E=2.0x10⁵N/mm²,f_y=400 N/mm²				50N/mm²

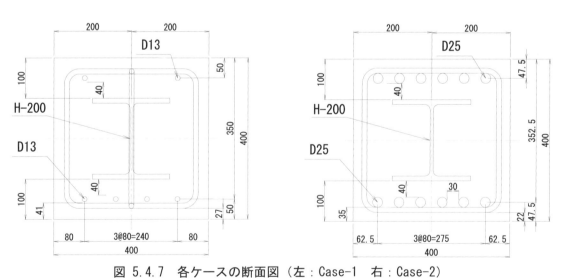

図 5.4.7　各ケースの断面図（左：Case-1　右：Case-2）

　図 5.4.8に，両解析ケースの載荷荷重と載荷点変位を示す．図中の「載荷段階推定」とは，解析におけるひび割れ状況が，損傷実験の終了時におけるひび割れ状況に近似した段階を示している．なお，Case-1 にお

ける載荷段階は No.1 試験体，Case-2 における載荷段階は No.2 試験体の損傷実験の終了時のひび割れ性状から推定している．また，表 5.4.6，表 5.4.7 に，載荷段階推定時と最大耐力時におけるひび割れ図と実験時に撮影された No.1 試験体の損傷状況との比較を示す．

　Case-1 では引張鉄筋が少ないことから，せん断ひび割れに対して曲げひび割れが卓越しており，せん断ひび割れが確認される No.1 試験体とは損傷状況が異なると言える．解析結果では，引張鉄筋が降伏した後に荷重が一定となっており，曲げ引張破壊による破壊モードを示している．損傷実験時における No.1 試験体の状況では，支点と載荷点を繋ぐように斜めひび割れが生じていることから，解析結果において同様の斜めひび割れが生じた時点の載荷荷重である約 830kN を，損傷実験時における載荷荷重の下限と判断した．

　Case-2 では Case-1 と比較するとせん断ひび割れが卓越しており，No.1 試験体や No.2 試験体で確認されたひび割れ，損傷状況と類似していると考えられる．解析結果では，H 形鋼のウェブが降伏した直後に，圧縮ストラット部のコンクリートの圧壊により急激に荷重が低下したことから，せん断破壊を示していると判断できる．No.2 試験体においても，損傷実験時で支点と載荷点を繋ぐように斜めひび割れが生じていることから，解析結果において同様の斜めひび割れが生じた時点の載荷荷重である約 1000kN を，損傷実験時における載荷荷重の上限と判断した．

　以上の結果から，定期点検で得られた結果の適用を想定したレベル 1 の評価においては，評価対象とした試験体の荷重－変位関係が Case-1 と Case-2 の解析結果の範囲内であること，損傷実験で作用した載荷荷重が約 830kN～1000kN 程度であることが推定される．

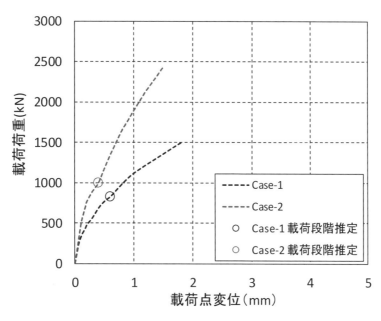

図 5.4.8　荷重－変位関係の解析結果

表 5.4.6　Case-1 のひび割れ図と No.1 試験体の損傷状況

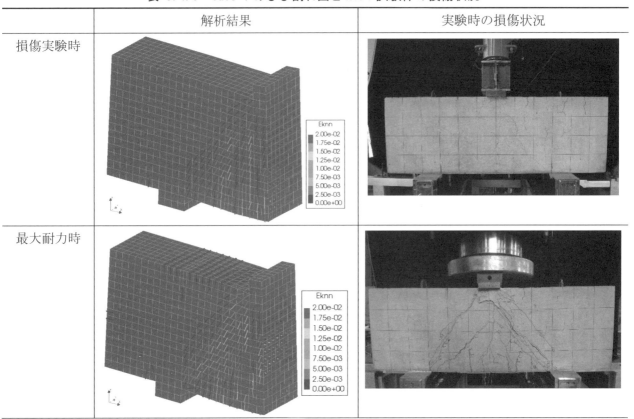

	解析結果	実験時の損傷状況
損傷実験時		
最大耐力時		

表 5.4.7　Case-2 のひび割れ図と No.2 試験体の損傷状況

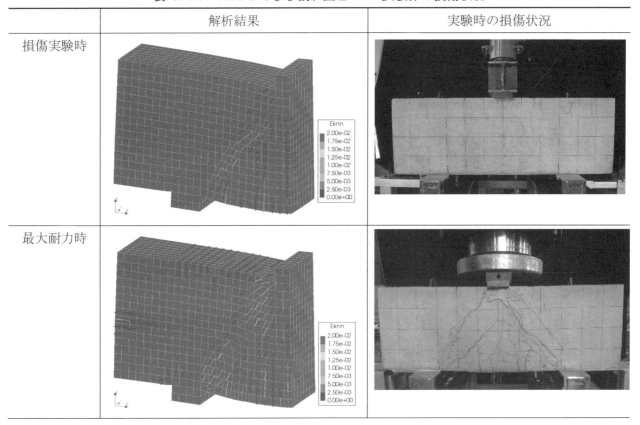

	解析結果	実験時の損傷状況
損傷実験時		
最大耐力時		

5.4.4　レベル 2 を想定した解析条件の設定

　レベル 2 を想定した評価では，非破壊試験で得られた結果を反映して，No.1，2 試験体を対象とした 2 ケースの FEM 解析を行った．レベル 1 を想定した評価では，外観，構造細目から推定される条件で解析を行い，両試験体の荷重－変位関係として想定される上限，下限を範囲として示したが，ここではそれぞれの荷重－変位関係を推定することを目的とする．

　解析では，点検 WG から提供された以下の点検データを反映することとした．

- 　電磁波レーダーによる鉄骨の位置（**図 5.4.9**，**図 5.4.10**）
- 　電磁誘導法で推定された軸方向鉄筋とせん断補強鉄筋の径と配筋位置（**図 5.4.9**，**図 5.4.10**）
- 　載荷後のシュミットハンマー，載荷前の衝撃弾性波測定および超音波試験による圧縮強度，引張強度，
　ヤング係数の推定値の上限値および下限値（**表 5.4.7**，**表 5.4.8**）

　なお，鉄骨および鉄筋の種別については，非破壊試験で推定できなかったため，レベル 1 を想定した評価と同様に，鉄骨を SS400，鉄筋を SD345 であると仮定した．

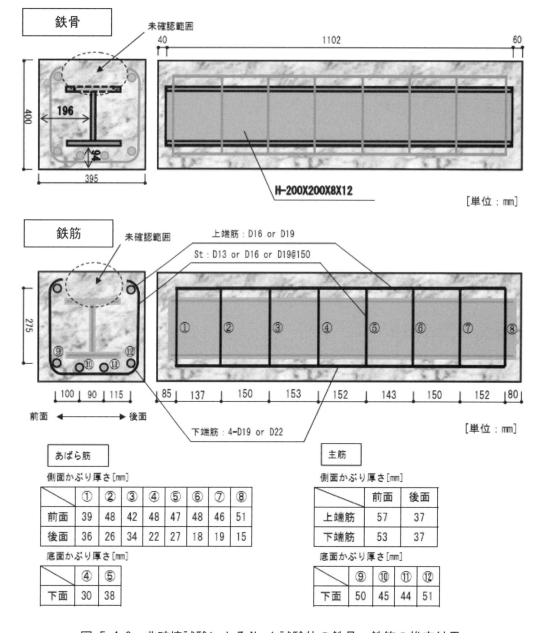

図 5.4.9　非破壊試験による No.1 試験体の鉄骨，鉄筋の推定結果

表 5.4.7　非破壊試験による No.1 試験体のコンクリートの物性値の推定結果

項目	推定値の範囲
圧縮強度（N/mm²）	26.8〜40.7
引張強度（N/mm²）	2.1〜2.7
静弾性係数（kN/mm²）	26.4〜31.1

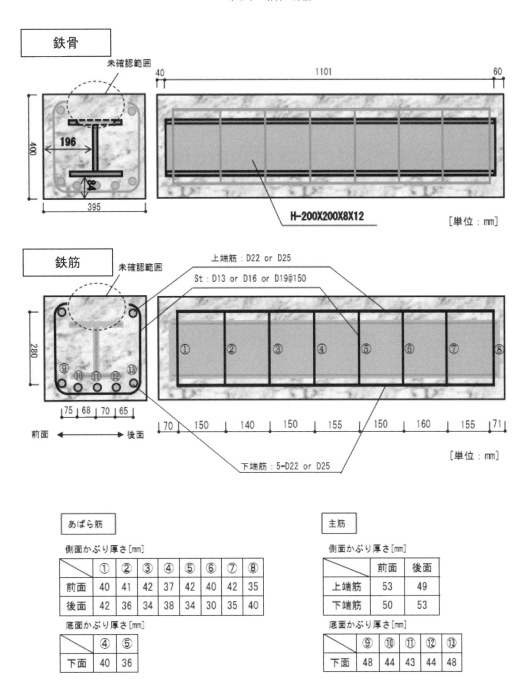

図 5.4.10　非破壊試験による No.2 試験体の鉄骨, 鉄筋の推定結果

表 5.4.8　非破壊試験による No.2 試験体のコンクリートの物性値の推定結果

項目	推定値の範囲
圧縮強度 （N/mm²）	26.4〜40.8
引張強度 （N/mm²）	2.0〜2.7
静弾性係数 （kN/mm²）	26.3〜31.1

　上記の非破壊試験結果を踏まえて, レベル 2 を想定した評価では, 実験結果との誤差が小さくなることを目的として, 以下のように解析条件を設定した.

- ・　鉄骨：H200×200 が非破壊試験で推定された位置に配置されていることとした（**図 5.4.11**）．また，降伏強度は，SS400 の実強度相当を設定した（**表 5.4.9**）．
- ・　鉄筋：引張側，圧縮側の軸方向鉄筋，およびせん断補強鉄筋の径として，複数が候補として推定されているため，その平均値を用いることとした（**図 5.4.11**）．また，降伏強度は，SD345 の実強度相当を設定した（**表 5.4.9**）．
- ・　コンクリート：非破壊試験で得られた上限値および下限値の平均値を用いた．（**表 5.4.10**）

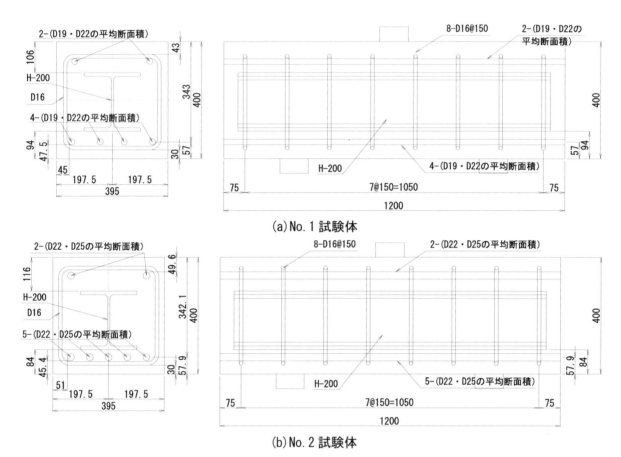

(a) No.1 試験体

(b) No.2 試験体

図 5.4.11　解析で設定した鉄骨，鉄筋の配置条件

表 5.4.9　解析で設定した鉄筋・鋼材の物性値

項目	鉄筋	鋼材
降伏強度(N/mm²)	400	300
弾性係数(N/mm²)	2.0×10⁵	2.0×10⁵

※No.1，2 試験体で共通

表 5.4.10　解析で設定したコンクリートの物性値

項目	No.1 試験体	No.2 試験体
圧縮強度(N/mm²)	33.8	33.6
引張強度(N/mm²)	2.4	2.4
静弾性係数(kN/mm²)	28.8	28.8

※非破壊試験結果の上限値と下限値の平均値

5.4.5　レベル 2 を想定した FEM 解析による性能評価

　解析については，レベル 1 を想定した解析と同様に，汎用有限要素解析コード DIANA（Ver.10.2）による 3 次元有限要素解析を実施した．解析モデルは，試験体の軸方向と幅方向の対称性を考慮した 1/4 モデルとした．コンクリートと載荷プレートはソリッド要素，H 形鋼はシェル要素，鉄筋は埋込み鉄筋要素とした．

　コンクリートには固定ひび割れモデルを使用した．圧縮側の構成則については，破壊エネルギーを考慮した Parabolic 曲線とし，引張側構成則には Hordijk のモデルを適用した．鉄筋と H 形鋼の応力‐ひずみ関係は，完全弾塑性モデルとした．H 形鋼とコンクリート間にはインターフェース要素を配置し，粘着力を考慮しないモールクーロンの摩擦則を適用した．

　図 5.4.12 に，両解析ケースの載荷荷重と載荷点変位を示す．図中の「レベル 1」とは，レベル 1 を想定した解析で推定された上限値と下限値を示したものである．また，「載荷段階推定」については，解析結果におけるひび割れ状況が，損傷実験の終了時におけるひび割れ状況に近似した段階を示している．また，表 5.4.11，表 5.4.12 に，載荷段階推定時と最大耐力時におけるひび割れ図と実験時に撮影された SRC 部材の損傷状況との比較を示す．

　No.1 試験体の解析結果では，支点と載荷点を繋ぐせん断ひび割れと，スパン中央部における曲げひび割れが卓越していることが分かる．破壊モードとしては，引張側の軸方向鉄筋が降伏した後，主鋼材の軸方向応力が降伏応力に到達した付近でコンクリートの圧壊が確認されたことから，曲げ破壊であると考えられる．損傷実験時の載荷荷重については，載荷点と支点を繋ぐせん断ひび割れが発生した時点の荷重として，1005kN であると推定した．

　No.2 試験体の解析結果におけるひび割れ性状は，No.1 試験体と同様であった．しかし，最大荷重時における引張側の軸方向鉄筋，および主鋼材の軸方向の引張応力が降伏強度以下であり，かつコンクリートの圧壊によって耐力が低下していることから，破壊モードとしてはせん断破壊であると評価できる．損傷実験時の載荷荷重については，No.1 試験体と同様に評価した結果，1116kN であると推定される．

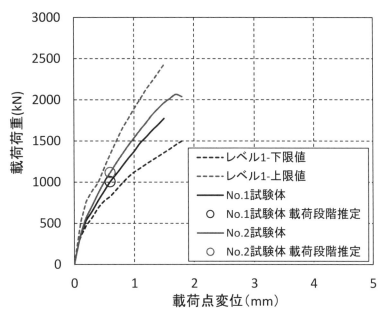

図 5.4.12　荷重‐変位関係の解析結果

表 5.4.11　No.1 試験体を想定した解析におけるひび割れ図と実験時の損傷状況

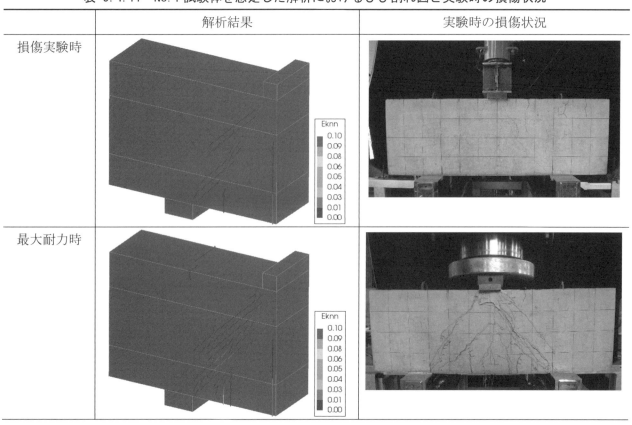

表 5.4.12　No.2 試験体を想定した解析におけるひび割れ図と実験時の損傷状況

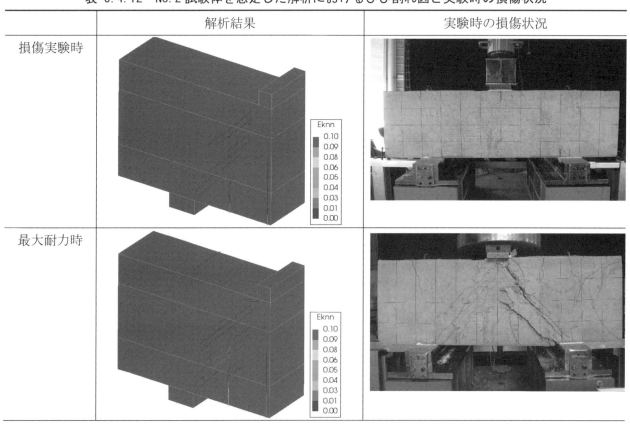

5.4.6 考察

レベル1およびレベル2を想定した解析，評価で得られた結果と実験結果との比較し，点検データを用いた構造部材の性能評価の妥当性について考察する．

図 5.4.13 に実験で使用された試験体の図を示す．また，**表 5.4.13**，**表 5.4.14** に，目視で得られる情報と構造細目から諸元を設定したレベル1を想定した解析，および非破壊試験に基づいて諸元を設定したレベル2を想定した解析における各種条件と断面図について，実験との比較を示す．

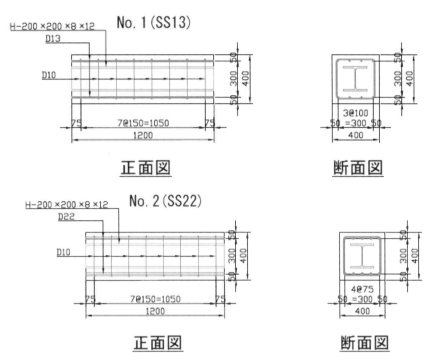

図 5.4.13 実験用試験体の鋼材配置図

表 5.4.13 レベル1，2における解析条件と実験条件との比較

項目	試験体	引張鉄筋	圧縮鉄筋	せん断補強筋	主鋼材	コンクリート強度
レベル1	No.1 試験体	D13×4 本　SD345 E=2.0x10⁵N/mm² f_y=400 N/mm²		D13 @150mm SD345 材料強度は左記	H200x200 SS400 E=2.0x10⁵N/mm² f_y=300 N/mm²	30N/mm²
	No.2 試験体	D25×6 本　SD345 E=2.0x10⁵N/mm² f_y=400 N/mm²				50N/mm²
レベル2	No.1 試験体	D19-22 の平均×4 本　SD345 E=2.0x10⁵N/mm² f_y=400 N/mm²		D16 @150mm SD345 材料強度は左記	H200x200 SS400 E=2.0x10⁵N/mm² f_y=300 N/mm²	33.7N/mm²
	No.2 試験体	D22-25×5 本　SD345 E=2.0x10⁵N/mm² f_y=400 N/mm²				33.6N/mm²
実験	No.1 試験体	D13×4 本　SD345 E=1.9x10⁵N/mm² f_y=373 N/mm²		D10 @150mm SD345 E=2.0x10⁵N/mm² f_y=402 N/mm²	H200x200 SS400 E=2.0x10⁵N/mm² f_y=308 N/mm²	40N/mm²
	No.2 試験体	D22×5 本　SD345 E=2.0x10⁵N/mm² f_y=382 N/mm²				40N/mm²

表 5.4.14　レベル 1, 2 における解析と試験体の断面図の比較

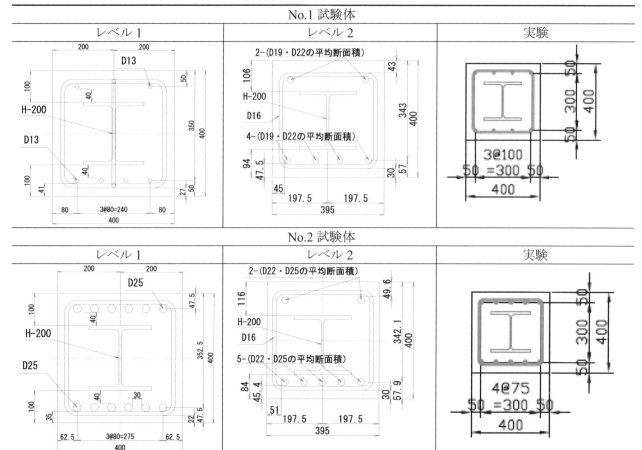

主鋼材については，各解析で設定した鋼材の寸法，種別，降伏強度は，実際とほぼ同一であった．曲げ耐力に大きく影響する引張鉄筋については，No.1 試験体では，非破壊試験で D19 もしくは D22 が 4 本，配置されていると推定されていたが，実際には D13 が 4 本，配置されており，構造細目から設定した下限値に近い配筋条件であった．一方，No.2 試験体については，実際には D22 が 5 本，配置されており，D22 と D25 の平均値としたレベル 2 を想定した解析条件に近かった．コンクリートの圧縮強度については，両試験体ともに 40N/mm² であったのに対し，非破壊試験で得られた結果では約 33.6N/mm² であり，レベル 2 を想定した解析においては，約 15% 程度，小さい値を解析条件として設定していた．

　図 5.4.14，図 5.4.15 に，No.1 試験体および No.2 試験体の荷重－変位関係について，レベル 1 を想定した解析における上限値と下限値，レベル 2 を想定した解析で得られた結果と，実験結果との比較を示す．両試験体の実験結果は，概ね，レベル 1 を想定した解析における上限値と下限値の範囲内であった．No.1 試験体では，引張鉄筋の配筋条件が非破壊試験結果に基づいて設定したレベル 2 を想定した解析よりも，レベル 1 を想定した解析における下限値の方に近かったため，同様に下限値と実験結果における初期剛性，最大耐力が近似する結果となった．No.2 試験体では，レベル 2 を想定した解析において非破壊試験結果に基づき D22 と D25 の中間の断面積を条件として設定したため，解析結果の剛性が実際には D22 が配筋されていた実験結果よりも大きくなっている．載荷段階の荷重については，解析結果のひび割れの進展状況に基づき推定したが，No.1 試験体についてはほぼ同等（約 1000kN），No.2 試験体については実験結果を過小評価する結果（実験結果 1500kN に対して約 1100kN と推定）となった．今回の推定では，ひび割れの進展状況を定性的に判断して載荷段階を推定しており，ひび割れ幅などに基づく定量的な評価を行っているわけではない．No.2 試験体の損傷実験では，新たなひび割れの発生が鈍化し，既存のひび割れの拡大が進む段階まで載荷を行わ

れていたことから，ひび割れの進展状況を定性的に評価して推定した結果に誤差が生じたものと思われる．

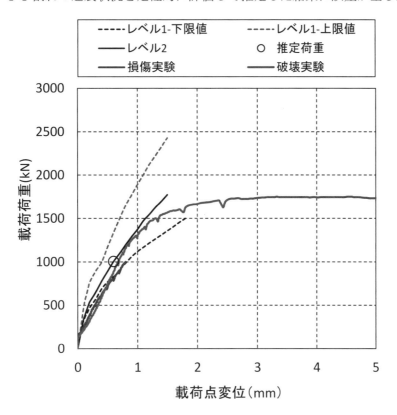

図 5.4.14　No.1 試験体の解析結果と実験結果の比較

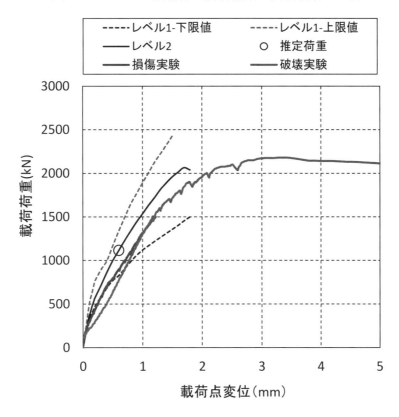

図 5.4.15　No.2 試験体の解析結果と実験結果の比較

（執筆者：曽我部直樹）

5.5　解析ケース 2

5.5.1　検討手順・手法

レベル 2 を想定した点検データとして与えられた損傷実験および非破壊試験後における情報に基づき部材のモデル化を行い，3 次元非線形有限要素法による破壊実験の解析を行った．試験体の外形・寸法（幅×高さ×長さ），載荷条件（支間長，載荷位置，支持条件）が提示されており，損傷試験後のひび割れスケッチ，および外観写真が得られている．また，非破壊試験によって，H 形鋼が配置された SRC 部材であること，鉄筋径および配筋状況，コンクリート強度，弾性係数が示されている．

5.5.2　解析モデル・解析条件

（1）解析手法および試験体のモデル化

3 次元非線形有限要素解析には，自作の有限要素解析コード[3]を用いた．

図 5.5.1 に有限要素メッシュを示す．SRC 部材であることから，H 形鋼とコンクリート部は 20 節点 8 ガウス積分点 6 面体要素でモデル化し，H 形鋼とコンクリート間には，16 節点 4 ガウス積分点の平面接合要素を設置した．また鉄筋は分散鉄筋とし，直接，形状のモデル化は行っていない．なお，対称性に基づき 1/4 モデルとすることも可能だが，今回はフルモデルでの解析を行っている．

せん断スパン比（a/d）が 1.0 程度と小さくせん断が卓越することから，せん断スパンと高さ方向に十分なガウス点が設置されるように要素分割を行った．

支圧板は 6 面体要素でモデル化した．支圧板寸法は提示されていないが，せん断スパン比（a/d）が小さいことから，支圧板の幅が耐力に大きく影響することを考慮し，支圧板の寸法をできるだけ再現するようにし，載荷時の写真から試験体の寸法比を用いて支圧板寸法を決定した．なお支圧板は，部材軸方向拘束を避けるために，部材軸方向のみコンクリートと同じ弾性係数，他方向を鋼材と同じ弾性係数とする異方性弾性材料とした．

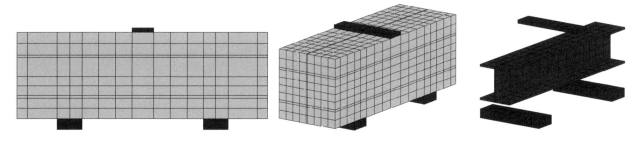

図 5.5.1　解析メッシュ

（2）材料構成則

コンクリートには，ひび割れ前に多方向応力状態を考慮可能な 3 次元弾塑性モデル[4]を適用した．ひび割れ発生の判断には実験に基づくひび割れ発生基準[5]を用い，ひび割れを，アクティブクラック法[6]に基づく，多方向固定分散ひび割れモデルで表現した．ひび割れ後は，ひび割れ面を基準とした直交座標系において各方向の応力を算定した．ひび割れ後のコンクリートモデルでは，引張モデルにおいて分散鉄筋との相互作用によるテンションスティフニング効果[5]を，圧縮モデルにおいてひび割れ直交方向ひずみによる最大圧縮応力の低下[7]と圧縮破壊エネルギー[8]を，せん断モデルにおいてひび割れ面でのせん断伝達[5]をそれぞれ考慮している．分散鉄筋には，トリリニア型の平均応力－平均ひずみ関係[6]を適用した．

　鋼材にはミーゼスの降伏条件を適用した2直線モデルを，鋼材とコンクリート間の摩擦には，鋼板の引き抜き実験[9]に基づく摩擦モデル[3]を適用した．

（3）材料特性の推定

a）コンクリート

　非破壊試験によって得られたコンクリート材料特性値と，解析の入力値として採用した値を**表5.5.1**に示す．ばらつきを勘案して，推定される構造性能の範囲を解析結果で示す方法も考えられるが，今回は平均値を用いることとした．

表5.5.1　コンクリート材料特性値

	No.1 試験体		No.2 試験体	
	非破壊試験	解析採用値	非破壊試験	解析採用値
圧縮強度（MPa）	26.8〜40.7	33.75	26.6〜40.8	33.7
引張強度（MPa）	2.06〜2.72	2.39	2.05〜2.72	2.385
静弾性係数（GPa）	26.4〜31.1	28.75	26.3〜31.2	28.75

b）H形鋼（構造用鋼材）

　図5.5.2に示す非破壊試験による鋼材配置の推定結果から，H形鋼の配置を決定した．また鋼種は，実験試験体であることから入手性を考慮して標準的なSS400とし，降伏強度にはJIS規格の下限値（t≦16mmで250MPa）を採用した．なお弾性係数には，200GPaを用いた．

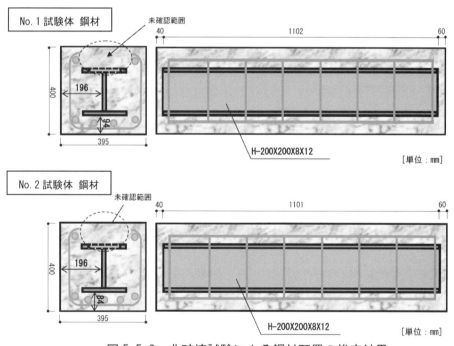

図5.5.2　非破壊試験による鋼材配置の推定結果

c）鉄筋

　鉄筋の配置も，**図5.5.3**に示す，非破壊試験による鉄筋配置の推定結果から決定した．骨材寸法を20mmと仮定すると最小あきは27mmであり，No.1,2試験体とも，推定におけるいずれの鉄筋径を選択しても，あ

きは十分となる．損傷実験では斜めひび割れから圧縮ストラットが形成されておりせん断圧縮型の破壊であることがわかる．そのため，引張主鉄筋は降伏していないと考えられ，より確実に降伏が生じず，せん断圧縮破壊型となる推定の最大値 D22（No.1 試験体），D25（No.2 試験体）を適用した．

せん断補強筋径には実験用試験体であることと，試験体寸法から曲げ加工性を考慮して D13 を採用した．調査結果より，測定のばらつきを考慮して，間隔は 150mm とした．上端筋は，はり試験体，かつ，せん断破壊という状況から，破壊挙動にはさほど影響しないと考えられるため，実験用試験体という性格を考慮して，できるだけ鉄筋径が小さい D16（No.1 試験体），D22（No.2 試験体）とした．また，以上の理由から，未確認範囲では鉄筋を配置しなかった．

鉄筋は標準的なものとして SD295 とし，降伏強度を 295N/mm^2，弾性係数を 200kN/mm^2 とした．

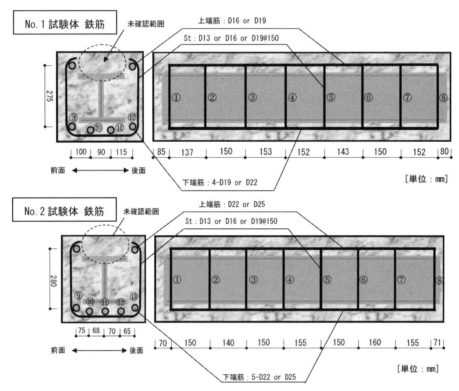

図 5.5.3　非破壊試験による鉄筋配置の推定結果

（4）載荷履歴の推定

既設構造物においては，過去の作用履歴が現在（評価時点）の性能に影響を及ぼすことも考えられ，その場合には，現在の状態から過去の作用履歴をある程度推定する必要がある．一方，損傷実験時のひび割れ性状を見ると単調載荷でせん断破壊の進展が卓越していると推定され，損傷実験の載荷履歴が破壊実験の挙動に大きく影響することはないと考えられるため，今回の解析では載荷開始から破壊に至るまで漸増載荷することとした．ただし，損傷実験において除荷を開始した荷重（損傷実験の最大荷重）は，今回の解析において，破壊に至るまでのある時点であることから，損傷実験の最大荷重を解析結果から推定することとした．

5.5.3　解析結果

（1）荷重−変位関係

各試験体の荷重−変位関係を図 5.5.4 に示す．No.1 試験体は，荷重が 1000kN を超えたあたりから荷重−

変位関係の傾きが減少し始め，変位2.2 mm時に最大荷重1951 kNを示した後，荷重が減少する．No.2試験体の荷重－変位関係は，最大荷重までNo.1試験体の関係にほぼ一致した．最大荷重は変位2.0mm時で1950kNであった．

(2) 材料損傷および破壊性状

コンクリートの圧縮損傷の指標値である正規化累加ひずみエネルギー[10]，および，引張損傷の指標値である偏差ひずみ第2不変量[10]と，変位の関係を**図5.5.5**に示す．ここに示す各材料損傷指標値は，部材中の最大値である．また，重み付き平均化処理のための平均化領域は，コンクリート標準示方書[10]に基づき，半径150mmの球とした．

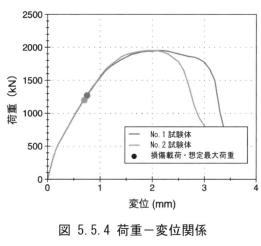

図 5.5.4 荷重－変位関係

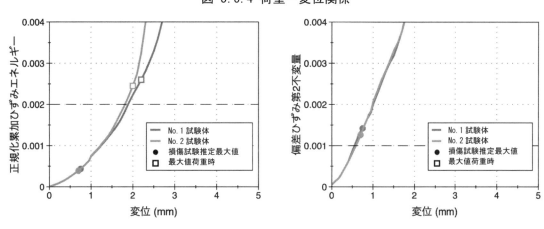

図 5.5.5 材料損傷指標最大値－変位関係

変位0.5mm，1.0mm，2.0mm時点の各材料損傷指標のコンターを，**図5.5.6**，**図5.5.7**に示す．偏差ひずみ第2不変量と変位の関係はNo.1，2試験体のいずれも等しく，載荷初期から2次放物線状の増加傾向を示している．コンクリート標準示方書[10]に示される限界値である0.001に達する時点は概ね0.5mm程度であった．この時点は，後に示すひび割れ性状において，斜めひび割れが顕著になってきた時点に一致する．正規化累加ひずみエネルギーも偏差ひずみ第2不変量と同様に，2次放物線状の増加傾向となった．No.1試験体とNo.2試験体では変位2.0mmまでは正規化累加ひずみエネルギーはほぼ等しい値となる．ここで，コンクリート標準示方書[10]に示される正規化累加ひずみエネルギーの限界値は0.0015であるが，コンクリート標準示方書におけるこの評価法の基となった既往の研究[11]では，限界値の適切な値として0.001～0.002と報告さ

れている．本検討で用いているコンクリートのひび割れ前の圧縮モデルでは，最大応力時のひずみがコンクリート標準示方書の限界値 0.0015 より比較的大きくなることが経験的にわかっている．そこでここでは，コンクリートの圧縮破壊に対する限界値を既往研究での上限側として，コンクリート標準示方書の限界値よりも若干大きい 0.002 として検討した．限界値に達するのが変位 1.8mm 付近であり，ほぼ最大荷重時に等しい．したがって，コンクリートの圧縮破壊によってピークが定まっていることが確認できる．最大荷重時の変位 2.0mm 以降においては，変位に対する正規化累加ひずみエネルギーの増加率が小さい No.1 試験体の方が荷重低下は緩やかであり，圧縮損傷の指標である正規化累加ひずみエネルギーとポストピーク後の荷重低下勾配が関係していることがわかる．

　偏差ひずみ第 2 不変量のコンター図からは，曲げひび割れよりも斜めひび割れによる引張損傷が支配的であることが確認できる．また，正規化累加ひずみエネルギーのコンター図では，載荷板下のコンクリート圧縮破壊によって最大荷重に至っていることが示されている．

　図 5.5.8 に，変位 1.0mm と 2.0mm 時の No.1 試験体の H 形鋼の軸ひずみ，せん断ひずみ，および最大主ひずみコンターを示す．なお No.2 試験体のひずみは No.1 試験体にほぼ等しかったため，ここでは省略する．a/d が小さいことから，部材軸方向ひずみに比べてウェブのせん断ひずみが卓越しているのがわかる．このせん断ひずみにより，変位 2.0mm 付近で，斜めひび割れが発生している領域でウェブが全面的に降伏している．

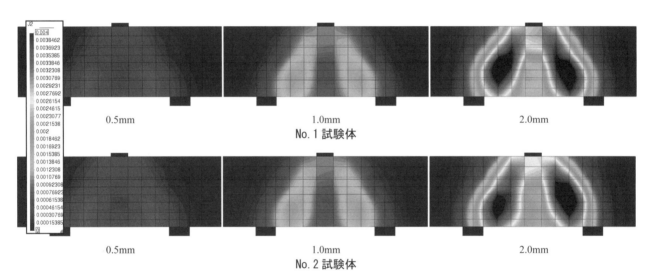

図 5.5.6　偏差ひずみ第 2 不変量コンター

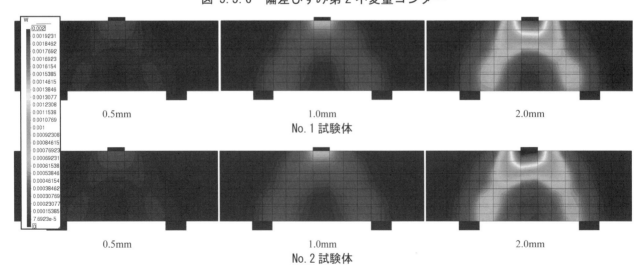

図 5.5.7　正規化累加ひずみエネルギーコンター

（3）損傷実験時の最大荷重の推定

　1 回目に実施した損傷実験における除荷開始荷重（最大荷重）は，今回実施した破壊に至るまでの漸増載荷解析において，破壊に至るまでのある時点である．そこで，今回の解析結果から損傷実験時における最大荷重を推定した．推定に用いることのできる情報は，外観情報（ひび割れ図）しかなく，実験におけるひび割れ性状から推定することとした．引張主ひずみにひび割れ分散領域長さを乗じることでひび割れ幅を推定する方法がある．この方法を用いれば，ひび割れ幅から最大荷重を推定できる．曲げひび割れのようにひび割れが比較的分散する場合には，ひび割れ間隔を分散領域長さとすればよいが，今回は，斜めひび割れが 1 〜2 本生じているだけであり，ひび割れ幅を算定するための領域長さを定めるのが難しい．したがって，今回はひび割れ幅による推定は用いず，解析で得られたひび割れの進展状況（**図 5.5.9**）と損傷実験後のひび割れ性状の比較から推定することにした．解析結果のひび割れ図では，ひび割れを，最大辺長 25mm，最大厚さ 1mm の板で表し，ひび割れ直交方向ひずみが 1000μ の時にそれら最大の寸法となるように，ひずみの大きさに応じて板の寸法を変化させている．

　実験では，斜めひび割れが載荷板にまで達している．解析では，斜めひび割れが載荷板まで貫通しないため，載荷板近傍に達した時点として変位 0.7mm 時点の荷重 1210 kN を，No.1 試験体の損傷実験時の最大荷重と決定した．同様にして，No.2 試験体の損傷実験時の最大荷重 1280 kN を変位 0.75mm 時点の荷重と決定した．

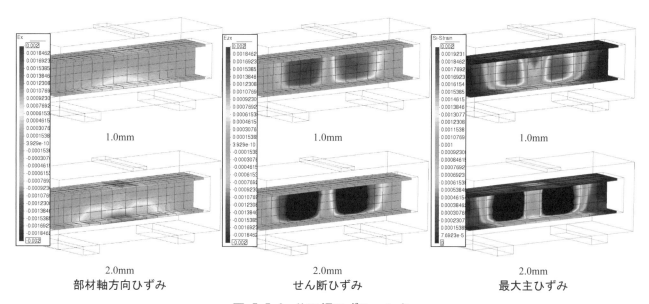

図 5.5.8 H形鋼ひずみコンター

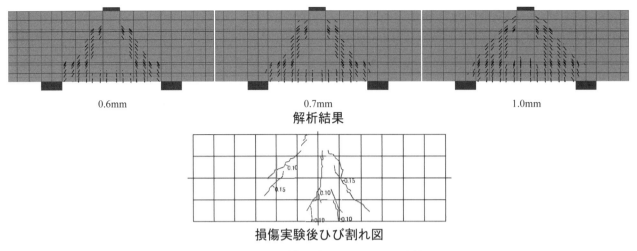

解析結果

損傷実験後ひび割れ図

図 5.5.9　ひび割れ性状（No.1 試験体）

5.5.4　性能評価

No.1 試験体と No.2 試験体では，いずれもせん断圧縮破壊を生じ，最大荷重，荷重－変位関係もほぼ等しく，同一の性能を有する結果となった．非破壊試験の結果から，コンクリートの材料定数値や H 形鋼の寸法，せん断補強筋などは両試験体でほぼ等しく，異なる点は，主鉄筋比と H 形鋼の高さ方向位置である．解析対象の部材では a/d が 1.0 程度と非常に小さくせん断が卓越すること，また，SRC 部材のために引張補強材量が多く解析でも引張補強材が降伏しないことから，No.1 試験体と No.2 試験体の違いは，部材挙動に差を生じなかったと言える．

5.5.5　考察

解析結果と解析終了後に公開された実験結果の比較を行う．鉄筋の材料特性および配筋に関する想定と実際の違いを**表 5.5.2** に示す．想定の方が，実際に比べて鉄筋量断面積が多く，降伏強度が小さかった．またせん断補強筋については，断面積は等しいが，やはり降伏強度が小さかった．引張主鉄筋を $A_s f_y$ で比較すると，No.1 試験体では実際と想定は大幅に異なり，実際の方がより降伏しやすい諸元となっている．一方，No.2 試験体ではほぼ同等となった．

表 5.5.3 に示す鉄骨の材料特性については，規格の想定は実際に一致していたが，材料特性値の想定を規格の下限値とした分，実際に比べて降伏強度，引張強度を小さく見積もっていた．

コンクリートの材料特性値を**表 5.5.4** に示す．弾性係数は概ね一致していたが，引張強度，圧縮強度を実際に比べて低く見積もっていた．

表 5.5.2　鉄筋の材料特性値および配筋

		引張主鉄筋				せん断補強筋		
		配筋・径	弾性係数 (kN/mm^2)	降伏強度 (N/mm^2)	$A_s f_y$ (kN)	配筋・径	弾性係数 (N/mm^2)	降伏強度 (N/mm^2)
No.1 試験体	想定	4D22	200	295	456.8	D13@150mm	200	295
	実際	4D13	193	373	189.0	D13@150mm	196	402
No.2 試験体	想定	5D25	200	295	747.4	D13@150mm	200	295
	実際	5D22	195	382	739.0	D13@150mm	196	402

表 5.5.3 鉄骨の材料特性値

	規格	降伏強度 (N/mm²)	引張強度 (N/mm²)
想定	SS400	245	400
実際	SS400	308	438

表 5.5.4 コンクリートの材料特性値

		圧縮強度 (N/mm²)	引張強度 (N/mm²)	弾性係数 (kN/mm²)
No.1	想定	33.8	2.39	28.6
試験体	実際	40.0	3.47	27.6
No.2	想定	33.7	2.39	28.6
試験体	実際	40.0	3.47	27.6

損傷実験における最大荷重は，No.1 試験体は推定値の 1210 kN に対して実験値が 1000kN，No.2 試験体は推定値の 1280 kN に対して実験値が 1500kN となり，±20%程度の差となった．実験値と推定値の差がやや大きく，2 体の試験体の推定値の差が実験値の差ほど顕著でなかったのは，ひび割れの進展状況という定量的ではない情報に基づく推測であり，さらにそれを，ひび割れを離散的に扱わない分散ひび割れモデルに対して行ったためと考えられる．

図 5.5.10 に，荷重−変位関係の破壊試験と解析の比較を示す．初期剛性は鉄筋量の想定の違いを明確に表しており，引張補強鋼材量の多い解析結果のほうが，実験結果に比べて大きい値を示す．実験結果では，いずれの試験体も剛性が低下した後，荷重がほぼ一定となり，顕著な荷重低下を示さない．そのため，解析結果とその挙動は大幅に異なっている．また，最大荷重にもやや差が生じており，解析値／実験値は No.1 試験体で 1.11，No.2 試験体で 0.89 と 10%程度の差となった．

実験の No.1 試験体では，最初に，一方の支点付近の引張主鉄筋が 1300〜1400kN 付近で降伏し，その後，1600〜1700kN で支間のほぼ全域の引張主鉄筋が降伏する．最終的には，変位 7mm 付近で載荷点直下の鉄骨の下フランジが降伏に至る．荷重−変位関係では，支間全域の鉄骨の下フランジの最大主ひずみが降伏ひずみに達するあたりで荷重が増加しなくなる．図 5.5.11 の破壊時の外観からは，荷重が低下していないものの載荷点下で圧縮破壊のような状況になっている．一方，No.2 試験体では，変位 7〜8mm で載荷点下の引張主鉄筋が降伏し，鉄骨下フランジの降伏は見られなかった．図 5.5.11 の破壊時の外観では載荷点下で圧縮破壊のような状況が見られ，また，斜めひび割れの開口も大きい．荷重−変位関係では，極めて緩やかではあるものの，変位 3mm でピークを迎えて荷重が低下しているようにも見える．以上のことを勘案すると，No.1 試験体ではせん断圧縮破壊に至る前に引張主鉄筋が降伏し，No.2 試験体ではせん断圧縮破壊によってピークが現れていると考えられる．No.1 試験体の解析では，引張主鉄筋の $A_s f_y$ を過大に見積ったため，鉄筋降伏を再現できずにせん断圧縮型の破壊となり，最大荷重を過大評価する結果となった．また，No.2 試験体の解析では $A_s f_y$ が概ね実験に等しく，鉄筋降伏せずにせん断圧縮型の破壊となる性状が一致したものの，圧縮強度を過小に見積ったため，最大荷重を過小評価する結果になったと言える．

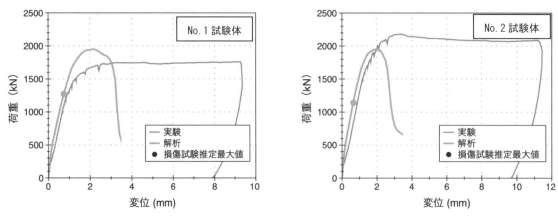

図 5.5.10 荷重－変位関係

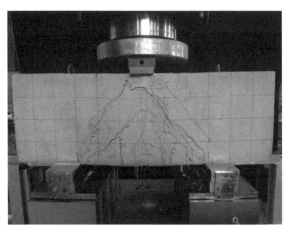

図 5.5.11 実験破壊状況（左：No.1 試験体，右：No.2 試験体）

（執筆者：高橋良輔）

5.6　解析ケース3

5.6.1　検討手順・手法

　レベル 1 を想定した点検情報として，2 つの試験体寸法，支持条件，載荷方法は，与条件として提示されており，a/d の小さいディープビームであることが分かっている．H 形鋼が配置された SRC 部材であり，レベル 2 を想定した点検情報として，非破壊試験による配筋やコンクリートの強度や剛性値の範囲が，提示されている．

　以上の情報に基づいて，数値解析モデルを作成し，試験体の再現解析を実施し，耐荷性状などを推定する．

5.6.2　解析モデル・解析条件

（1）解析手法とモデル化の概要

　複合構造物の耐荷メカニズム研究小委員会の「複合構造レポート 14　複合構造物の耐荷メカニズム－多様性の創造－[12]」を参照して，モデル化を行った．解析ツールには，東京大学コンクリート研究室などで開発中の **COM3**[13), 14)] を用いた．

　三次元非線形有限要素解析に際して，鉄筋コンクリート部と載荷版/支持版は三次元 20 節点アイソパラメ

トリックソリッド要素を用いてモデル化し，構造用鋼材（H 形鋼）はシェル要素にてモデル化する．ここでは，対称性を考慮した 1/2 モデルとする．鋼とコンクリートの間には，接合要素を定義する．

　はり部材の要素分割に際しては，想定する内部の鋼材配置と配筋状態を勘案して，かつ適用する材料構成則の前提となる要素寸法などに配慮してモデルを構築した．鉄筋コンクリート部の RC 要素には，アクティブクラック法に基づく非直交多方向固定/分散ひび割れモデルにより，ひび割れを表現する材料モデル[14]を適用する．本材料モデルは，分散ひび割れの過程に基づく非直交多方向固定ひび割れモデルに基づいて定式化されており，鉄筋コンクリートの強非線形領域における適用性が既に検証されている．ひび割れ発生後のコンクリートの引張応力－引張ひずみ関係の軟化勾配は，鉄筋との付着が影響する領域と影響しない領域とに分類し，前者に対してはテンションスティッフニングを考慮した．後者に対してはコンクリートの破壊エネルギーと要素寸法に基づいて，ひび割れ以降の軟化勾配を要素ごとに設定した．なお，載荷板/支持板は，弾性要素でモデル化している．

　構造用鋼材の要素には，完全弾塑性型の応力－ひずみ関係を与えた．また，鋼材とコンクリートの間のジョイント要素の圧縮剛性には大きな値を与えて，数値計算上，鋼材要素とコンクリート要素が過大に重ならないように配慮するとともに，基本的に引張剛性をゼロとした．せん断方向に対しては，摩擦係数は 0.3 とし，固着強度はゼロとする．また，開口時にはせん断剛性をゼロとする．

（2）材料特性

コンクリートの特性については，非破壊試験によって，事前に以下の範囲で推定値を入手できた．

No.1 試験体：
　　圧縮強度：26.8～40.7 MPa，引張強度：2.06～2.72 MPa，静弾性係数：26.4～31.1 GPa

No.2 試験体：
　　圧縮強度：26.4～40.8 MPa，引張強度：2.03～2.72 MPa，静弾性係数：26.3～31.2 GPa

　そこで，コンクリートの圧縮強度は，推定値の平均である 33.75 N/mm² （No.1 試験体）と 33.7 N/mm² （No.2 試験体）とした．ヤング係数と引張強度は，コンクリート標準示方書[15]の式から換算し，後者では低減係数として 0.7 を考慮し，最大骨材径は 20 mm を仮定する．

　鋼材については，材料特性は不明ということであったので，鉄筋の降伏強度は 345 N/mm²，構造用鋼材の降伏強度は 245 N/mm² を仮定し，ヤング係数は 200 kN/mm² とした．

（3）鋼材配置

　鋼材配置についても，非破壊試験によって，事前に図 5.6.1 の情報を入手できた．そこで，これをもとに設定する．ここでは，安全側に評価すること，および，載荷のせん断スパンが 1.0 程度であることを念頭に，複数の候補がある場合には最小の径を選択することとし，No.1 試験体では，上縁筋は D16×2 本，下縁筋は D19×4 本，せん断補強筋は D13@150 mm ピッチとした．No.2 試験体では，上縁筋は D22×2 本，下縁筋は D22×5 本，せん断補強筋は D13@150 mm ピッチとした．

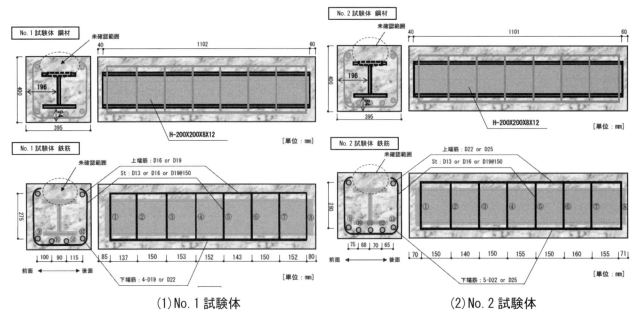

（1）No. 1 試験体　　　　　　　　　　　（2）No. 2 試験体

図 5.6.1 非破壊試験で推定された鋼材配置

以上を踏まえた No.1 試験体の要素分割図を**図 5.6.2** に示す．No.2 試験体では，鋼材配置に応じて，若干要素分割を変更しているが，基本的には同じような分割とする．

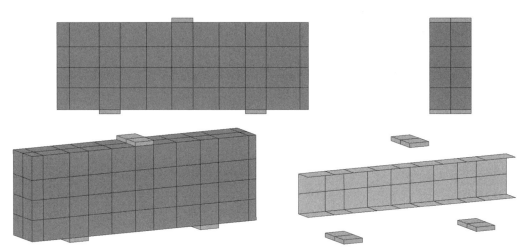

図 5.6.2 No.1 試験体の要素分割の概要

5.6.3　解析結果

2 つの試験体について，単調に漸増載荷を行った結果の一例を**図 5.6.3**〜**図 5.6.10** に示す．No.1 試験体では，載荷変位 1.0 mm 程度から剛性が低下し始め，4.5 mm 時に最大荷重 1882 kN を示し，荷重低下に至っている．No.2 試験体では，当初は No.1 試験体と概ね同様の応答を示すが，載荷変位 1.5 mm 程度から剛性が低下し始め，3.22 mm 時に最大荷重 2288 kN を示し，荷重低下に至っている．

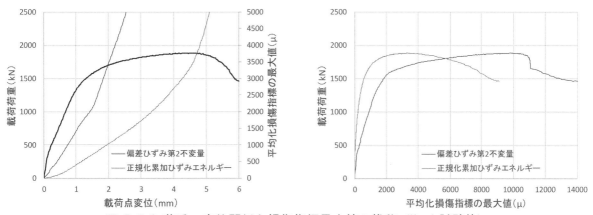

図 5.6.3 荷重－変位関係と損傷指標最大値の推移（No.1 試験体）

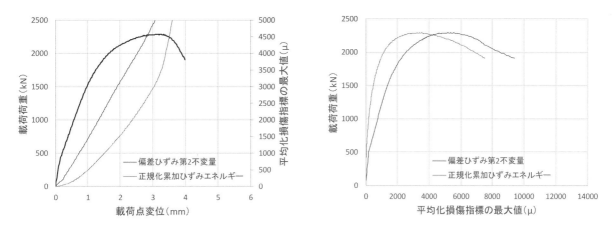

図 5.6.4 荷重－変位関係と損傷指標最大値の推移（No.2 試験体）

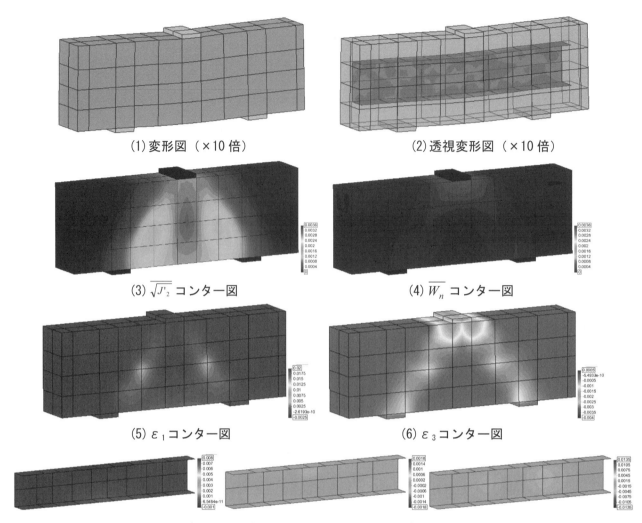

(1) 変形図（×10 倍）　　　　　　　　　(2) 透視変形図（×10 倍）

(3) $\sqrt{J'_2}$ コンター図　　　　　　　　(4) $\overline{W_n}$ コンター図

(5) ε_1 コンター図　　　　　　　　(6) ε_3 コンター図

(7) 構造用鋼材部材軸方向ひずみ　(8) 構造用鋼材部材軸直交方向ひずみ　(9) 構造用鋼材せん断ひずみ

図 5.6.5 載荷点変位 1.0 mm 時の解析結果例（No.1 試験体）

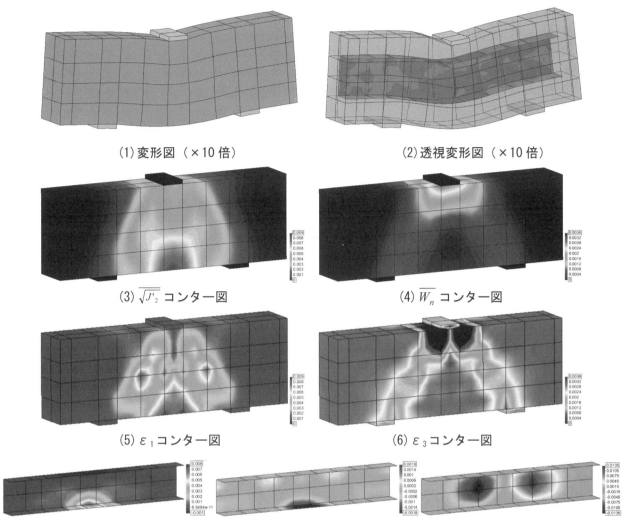

(1)変形図（×10倍）　　　　　　　　　　　(2)透視変形図（×10倍）

(3)$\overline{\sqrt{J'_2}}$ コンター図　　　　　　　　　　　(4)$\overline{W_n}$ コンター図

(5)ε_1 コンター図　　　　　　　　　　　(6)ε_3 コンター図

(7)構造用鋼材部材軸方向ひずみ　(8)構造用鋼材部材軸直交方向ひずみ　(9)構造用鋼材せん断ひずみ

図 5.6.6 載荷点変位 4 mm 時の解析結果例（No.1 試験体）

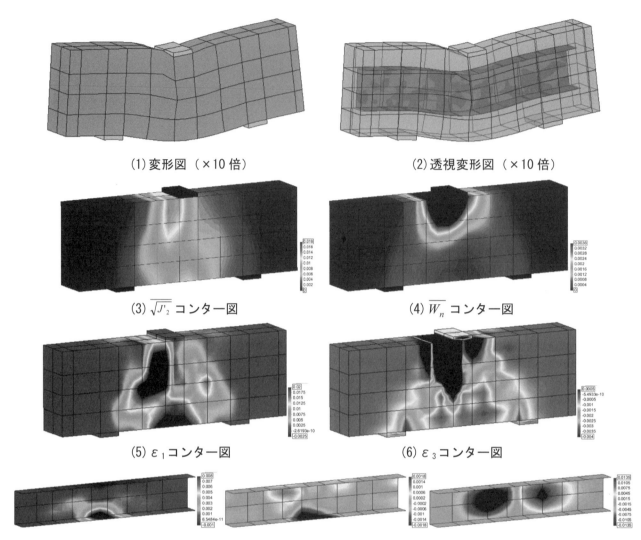

(1) 変形図（×10 倍）　　　　　　　　　　　(2) 透視変形図（×10 倍）

(3) $\overline{\sqrt{J'_2}}$ コンター図　　　　　　　　　　　(4) $\overline{W_n}$ コンター図

(5) ε_1 コンター図　　　　　　　　　　　(6) ε_3 コンター図

(7) 構造用鋼材部材軸方向ひずみ　(8) 構造用鋼材部材軸直交方向ひずみ　(9) 構造用鋼材せん断ひずみ

図 5.6.7 載荷点変位 6.0 mm 時の解析結果例（No.1 試験体）

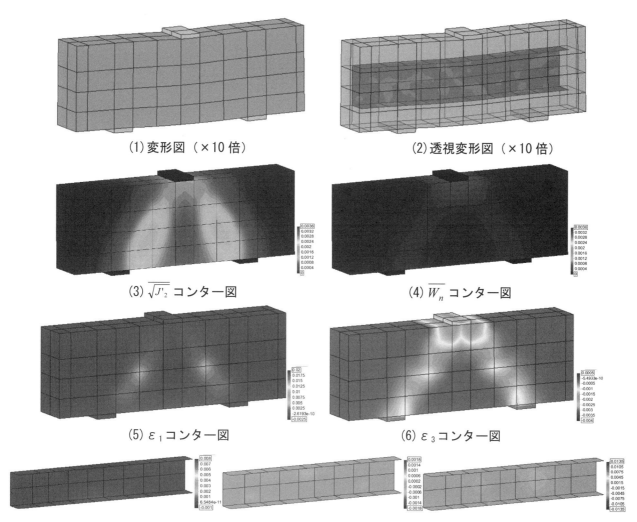

(1) 変形図（×10 倍）　　　　　　　　　　(2) 透視変形図（×10 倍）

(3) $\sqrt{J'_2}$ コンター図　　　　　　　　　　(4) $\overline{W_n}$ コンター図

(5) ε_1 コンター図　　　　　　　　　　(6) ε_3 コンター図

(7) 構造用鋼材部材軸方向ひずみ　(8) 構造用鋼材部材軸直交方向ひずみ　(9) 構造用鋼材せん断ひずみ

図 5.6.8 載荷点変位 1.0 mm 時の解析結果例（No.2 試験体）

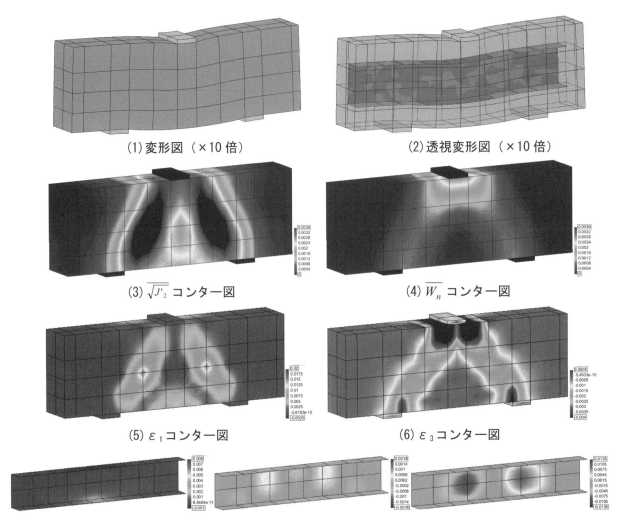

(1)変形図（×10倍）　　　　　　　　　　(2)透視変形図（×10倍）

(3) $\overline{\sqrt{J'_2}}$ コンター図　　　　　　　　　(4) $\overline{W_n}$ コンター図

(5) ε_1 コンター図　　　　　　　　　　(6) ε_3 コンター図

(7)構造用鋼材部材軸方向ひずみ　(8)構造用鋼材部材軸直交方向ひずみ　(9)構造用鋼材せん断ひずみ

図 5.6.9 載荷点変位 2.8 mm 時の解析結果例（No.2 試験体）

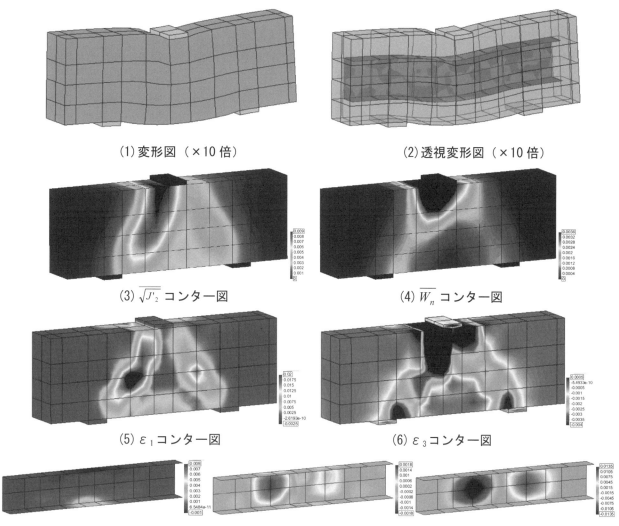

(1) 変形図（×10 倍）　　　　　　　　（2）透視変形図（×10 倍）

(3) $\overline{\sqrt{J_2'}}$ コンター図　　　　　　　　（4）$\overline{W_n}$ コンター図

(5) ε_1 コンター図　　　　　　　　（6）ε_3 コンター図

(7) 構造用鋼材部材軸方向ひずみ　(8) 構造用鋼材部材軸直交方向ひずみ　（9）構造用鋼材せん断ひずみ

図 5.6.10 載荷点変位 4.0 mm 時の解析結果例（No.2 試験体）

5.6.4　性能評価

2 つの試験体について比較すると，No.1 試験体は No.2 試験体に比べて，最大荷重は 2 割弱低いものの，変形性能は高い．これは，想定した鋼材量に起因しており，No.1 試験体では曲げ降伏に至っているためである．変形図や各種コンター図からも，この状況が読み取れる．ここでは，同一の構造用鋼材を設定したが，軸方向ひずみの分布で大きな違いが見られる（図 5.6.5〜図 5.6.10 の(7)）．

5.6.5　考察

解析結果と解析終了後に公開された実験結果との比較考察を行う．鋼材配置については，構造用鋼材は**図 5.6.1** の通りであったが，No.1 試験体の鉄筋では，上縁筋，下縁筋とも D13×4 本，せん断補強筋は D10@150 mm ピッチが正解であった．No.2 試験体の鉄筋では，上縁筋，下縁筋とも D22×5 本，せん断補強筋は D10@150 mm ピッチが正解であった．なお，断面内の鋼材位置における設計図面との数 mm のずれは，施工時の誤差の可能性もある．

次に，材料の特性については，材料試験により以下のように求められた．

コンクリート：

　圧縮強度：40.0 MPa，　引張強度：3.47 MPa，　静弾性係数：27.6 GPa

鉄筋 D10：

　降伏強度：402 MPa，　ヤング係数：196 GPa

鉄筋 D13：

　降伏強度：373 MPa，　ヤング係数：193 GPa

鉄筋 D22：

　降伏強度：382 MPa，　ヤング係数：195 GPa

構造用鋼材：

　降伏強度：308 MPa

図 5.6.11 に荷重－変位関係の比較図を，図 5.6.12 に実験における破壊実験終了後のひび割れスケッチと写真を示す．

荷重－変位関係の比較図を見ると，限られた情報のもとで，当たらずとも遠からずの結果が得られていることが分かる．初期剛性の乖離は，実験では損傷載荷後の再載荷であることが可能性として考えられる．解析では最大荷重をいずれのケースもやや高めに評価している．No.1 試験体については，引張鉄筋を多めに想定したことが主要因であると考えられる．No.1，2 試験体ともにせん断補強筋を多めに想定してしまったことも，わずかながら影響を及ぼした可能性もある．なお，解析では実験に比べて荷重低下が急激に進んでいるが，これは今回の載荷だけの問題ではなく，ダウエル効果を考慮していないことなどによる解析手法全般の課題であると認識している．

ひび割れパターンについては，No.1 試験体では支点と載荷点を結ぶ斜め方向のひび割れだけでなく，載荷点直下の曲げひび割れも卓越しているが，No.2 試験体では斜めひび割れのみが卓越している．この傾向は，図 5.6.6，図 5.6.7，図 5.6.9，図 5.6.10 の解析結果と一致する．

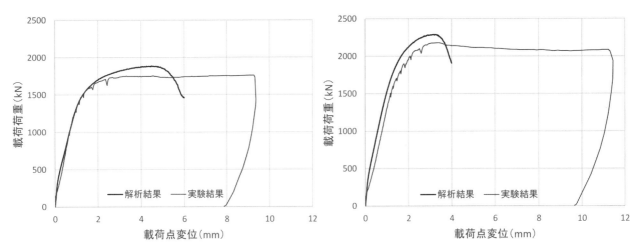

図 5.6.11 荷重－変位関係の解析結果と実験結果の比較（左：No.1 試験体，右：No.2 試験体）

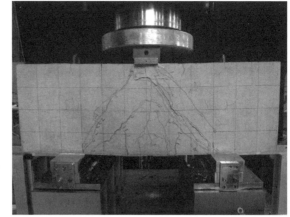

(1)No. 1 試験体

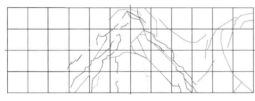

(2)No. 2 試験体

図 5.6.12 破壊実験終了後のひび割れスケッチと写真

（執筆者：土屋智史）

5.7　まとめ

　点検結果に基づく構造部材の性能評価を想定して，4 章で得られた点検データと解析に基づく部材載荷実験で検証された SRC 部材の曲げ特性の評価を，3 名の担当者によって実施した．その結果，以下のような知見が得られた．

・　目視点検による結果と構造細目などに基づき解析条件を設定することで，対象とした SRC 部材の構造特性を範囲として推定することができた．実際の点検，評価においては，設計的に安全側となる判断に基づき，範囲として推定された構造特性を評価して，補修，補強の検討を進める必要がある．

・　非破壊試験結果を解析条件に加えることで，対象とした SRC 部材の構造特性を一定の精度で評価できる可能性が得られた．ただし，構造特性に大きな影響を及ぼすパラメータ，特に，本検討における引張鉄筋の配筋条件（配置位置，断面積，強度）などを精度よく，推定できない場合，解析による評価結果に大きな誤差が生じる．実際の点検，評価において，コンクリート中に埋設された鉄筋，鋼材の寸法，位置を非破壊試験で把握して，強度を適切に設定できれば，構造部材が保有する性能（曲げ，せん断耐力，

剛性）の推定精度が向上して，補修，補強を合理的に検討できると考えられる．

- 今回の非破壊試験結果では，鉄筋径の推定においてばらつき，誤差が生じており，実験結果と解析との誤差の要因の一つとなった．断面諸元の情報を有さない既設構造物や，内部鋼材の腐食など容易に計測できない材料変化を有している既設構造物の性能評価に対しては，測定値や想定のばらつきの上限，下限に対して解析を実施し，ある程度幅を有する算定結果によって性能評価を行うことも一つの方法であると考えられる．

- 対象とした SRC 部材に作用した荷重を，ひび割れの進展状況について解析結果を目視点検による結果に基づき定性的に評価することで推定した．その結果，SRC 部材に新たにひび割れが進展している段階においては，一定の精度で作用した荷重を推定できる可能性が得られた．一方，新たなひび割れが発生せず，ひび割れ幅が拡大するような段階まで損傷が進展している場合には，作用した荷重の推定において，ひび割れ幅などに基づく，定量的な評価が必要になると考えられる．

- 非破壊試験結果を考慮したレベル 2 を想定した解析では，担当者によって解析条件，特に軸方向鉄筋の径，降伏強度の設定に相違が見られた．実験結果との誤差が最小となること，曲げ，せん断において安全側の評価となること，試験体の破壊性状や寸法などの情報に基づくなど，担当者の考え方によってばらつきを含む非破壊試験結果から解析条件が設定されている．実際の点検，評価においては，非破壊試験結果がばらつきを含む範囲として示される場合，実施しようとする評価の目的に応じて，担当技術者が適切に解析条件を設定することが重要であると考えられる．

（執筆者：曽我部直樹，高橋良輔，土屋智史）

参考文献

1) 土木学会：2017 年制定　コンクリート標準示方書［設計編］，2018 年 3 月
2) 土木学会：2014 年制定 複合構造標準示方書 原則編・設計編，2015 年 3 月
3) 萩原嵩樹，高橋良輔，斉藤成彦：鋼板コンクリート合成版の FEM 解析におけるスタッドのせん断抵抗領域のモデル化に関する検討，コンクリー工学年次論文集，Vol. 37 No. 2, pp. 1093 - 1098，日本コンクリート工学会，2015 年 7 月
4) K. MAEKAWA, J. TAKEMURA, P. IRAWAN and M. IRIE : Triaxial Elasto-Plastic and Fracture Model for Concrete, JSCE Journal of materials, concrete structures and pavements, No. 460/V-18, pp. 131-138, 1993.2
5) 岡村甫，前川宏一：鉄筋コンクリートの非線形解析と構成則，技報堂出版，1991 年 5 月
6) 前川宏一，福浦尚之：疑似直交 2 方向ひび割れを有する平面 RC 要素の空間平均化構成モデルの再構築，土木学会論文集，No. 634, pp. 157-176，1999 年 11 月
7) 高橋良輔，檜貝勇，斉藤成彦：RC はりのせん断挙動解析におけるひび割れモデルに関する検討，コンクリート工学年次論文集，Vol. 30, No. 3, pp. 55-60，2008 年 7 月
8) 山谷敦，中村光，飯塚敬一，檜貝勇：回転ひび割れモデルによる RC 梁のせん断挙動解析，コンクリート工学年次論文集，Vol. 18, No. 2, pp. 359 -364，1996 年 7 月
9) 猪股勇希，中島章典，斉木功，大江浩一：支圧力を受ける鋼・コンクリート接触面の静的・疲労付着性状，第 6 回複合構造の活用に関するシンポジウム講演集，pp. 211-218，2005 年
10) 土木学会コンクリート委員会：2017 年制定　コンクリート標準示方書［設計編］，土木学会，2018 年 3

月

11）牧剛史，斉藤成彦，土屋智史，渡邊忠朋，島弘：正負交番載荷を受ける RC 骨組み構造物の非線形有限要素解析による損傷評価，土木学会論文集 E2（材料・コンクリート構造），Vol. 69, No. 1, 33-52, 2013 年

12）土木学会：複合構造物の耐荷メカニズム－多様性の創造－，複合構造レポート 14, 2017 年 12 月

13）Maekawa, K., Pimanmas, A. and Okamura, H.：Nonlinear Mechanics of Reinforced Concrete, Spon Press, London, 2003

14）岡村　甫，前川宏一：鉄筋コンクリートの非線形解析と構成則，技法堂出版，1991 年 5 月

15）土木学会：2017 年制定　コンクリート標準示方書［設計編］，2018 年 3 月

第6章　根拠に基づく評価のための技術・体系の検討

6.1　概要

　ここまでに2章 ブラインド部材性能評価，3章 部材載荷試験，4章 点検，5章 解析・評価について報告書をまとめてきた．このうち4章と5章の内容については，点検WGと解析WGに分かれて実働を担っており，都度，全体委員会を開催して両者の情報共有とディスカッションの場を設けてきた．

　本章は，5章までの報告書が概ね仕上がった段階で行われた全体ディスカッションの記録である．点検と解析を併せて見て，根拠に基づく評価のための技術・体系についてフリーディスカッションを行った．実際には多数の委員がオンラインでのディスカッションに参加したが，報告書の読みやすさに配慮して，以降では3名の登場人物に集約して，座談会形式にまとめた．テンケンさんは点検WGの方々，カイセキさんは解析WGの方々，そしてソノタさんは司会者を含む委員会メンバーである．

　事前に，以下の8つのテーマについて委員にコメントを集い，ディスカッションの進行に活用した．
テーマ1: 今回のブラインド評価で実施した点検と解析の関係について
テーマ2: 成果と適用範囲
テーマ3: 解析で敏感な/卓越的な変数・条件
テーマ4: 点検が不確実性を減じられる変数・条件
テーマ5: 評価目的に対して工学的判断を点検・解析のいずれの段階に置くか
テーマ6: 今回とは異なる部材の場合の留意事項
テーマ7: 今回とは異なる供試体品質の場合の留意事項
テーマ8: 点検と解析の間に感じたギャップ

　研究委員会らしい，テーマから脱線するような会話もそのまま残した．そして，このディスカッションから得られた知見と提言は，8章にもまとめられている．

6.2　全体ディスカッション

6.2.1　今回のブラインド評価で実施した点検と解析の関係について

　ソノタ: 1つ目のテーマからはじめたいと思います．点検と解析の関係に限らず，ブラインド部材性能評価に関する一連の取り組みの感想でも構いません．

　カイセキ: 目視点検の情報に基づいて解析条件を設定する場合（レベル1の評価）であっても，対象としたSRC部材の構造特性を上限と下限の幅をもった範囲として推定できた，という手応えを感じました．実際の点検や評価でも，情報には限りがあり，ばらつきも含まれますが，これらを基にして設計的に合理的な判断に基づいて，ある程度の幅をもった範囲として構造特性を評価することは有用だと思います．

　既設構造物の状態や性能が唯一の解として求まるというよりは，ある程度の幅をもった範囲として解が示された場合に，どのシナリオ，どの結果を使って補修や補強の検討を進めるか，ということが技術者に求められていくのかなと感じました．

ソノタ：入力する解析条件に幅を持たせると，出力される解析結果も幅を持ちます．解析結果の妥当性を判断する際には，何がポイントになったのでしょうか？

カイセキ：対象とした SRC 部材に作用した荷重値の推定において，ひび割れの進展状況に着目して，解析結果と目視点検による結果を比較しました．ひび割れが進展している段階（曲げが作用して，新たなひび割れが発生し，そのひび割れが進展する段階）では，ひび割れ図と比較することで作用した荷重がある程度推定できると思います．

しかし，破壊が進み，例えば鉄筋や鉄骨が降伏した後では，新たなひび割れは発生せずに，既存のひび割れ幅が拡大するステージになります．その場合は，ひび割れ幅や残留変位についても比較を行うようにしないと荷重の推定は難しいと思います．

ソノタ：点検に目を向けてみますが，今回の SRC 試験体は一般的な RC 構造物よりも難易度が高かったと思います．点検 WG のまとめでは，解析条件を整理して引き渡されましたが，このアウトプットは一般の技術者でも可能なのでしょうか？ それとも点検 WG にスペシャリストが揃っていたから，成せた仕事なのでしょうか？

テンケン：点検する人の力量や使用装置によっても，結果は変わってくると思います．点検 WG のメンバーは，知識と経験を踏まえて機種の選定からアウトプットに繋げていると思うので，点検 WG の皆さんだからこその結果だと思っております．

ソノタ：点検の精度，ばらつきについては，4 章に分かりやすく整理されていました．5 章の解析結果は点検のばらつきを含んだアウトプットですが，解析モデル自体の精度は検討されていますか？

カイセキ：報告書の中には，個々の解析モデルの精度は示してはいませんが，既往の研究や実務においても SRC 構造物を対象とした解析事例が多く報告されています．このため，FEM モデルの解析精度については情報が容易に入手できます．一方で，SRC 構造物に対して色々な非破壊試験法を適用した事例は少なく，4 章の点検 WG の報告書は貴重だと思いました．

テンケン：RC 構造物での取り組みは多いのですが，今回のような SRC 部材を対象にして，複数の非破壊試験法を適用した事例は聞いたことがありません．私自身も勉強になりました．複合構造でのニーズを知ることができました．

カイセキ：複合構造標準示方書では，RC 構造物の非破壊試験法が紹介されているのですが，実際に SRC 構造物などに適用したデータは不足していました．示方書の観点から見ても，貴重なデータだと思います．

ソノタ：今回のブラインド部材性能評価では，点検 WG に，"測れるだけ測ってくれ"，というようなお願いをしたと思います．実際には，まず解析の目的があって，解析条件（入力パラメータ）が明確であり，その情報を得るための点検項目の示唆があるかと思います．今回はこの手順でなかったため，全体を通しての意思の疎通や情報共有にも違和感があったように思いました．

カイセキ：意思の疎通をスムーズにするためには，用語や数値の呼び分けを明確にした方が良かったかも知れません．値には確かなものから不確かなものまであり，知りたい構造性能に対して感度が高いものと低いものがあります．用語の呼び分けができていれば，全体像もスムーズに議論できるようになると思いました．

6.2.2　成果と適用範囲

ソノタ：2 つ目のテーマです．今回の取り組みの成果は何でしょうか？　ケーススタディではありますが，得られた知見やその一般性/適用範囲について議論したいと思います．

カイセキ：成果という意味では，目視点検による限られた情報に基づく評価（レベル 1 評価）と，非破壊試験を含む詳細な情報に基づく評価（レベル 2 評価）の二段階での取り組みとプロセスを実施できたことでした．それぞれで必要になる視点や考え方が整理できたこと，アウトプットの数値に幅を持たせた上でどのように活用するか，などの考え方を示せたことは有意義な成果だと思います．

　今回のケースは，SRC 構造のディープビームであり，点検と解析ともにハードルが高い取り組みだったと思います．しかし，限られた情報から解析条件を設定する方法論や，非破壊試験の活用方法など，一連のプロセスそのものは他の構造や条件でも応用可能な部分があると思います．

テンケン：点検 WG の立場としては，複合構造物に対して一連の非破壊試験に取り組んだことは新規性があり，その中でニーズを知ることもできました．

　載荷試験後に超音波試験を実施しましたが，コンクリート内部の H 鋼の付着損失を捉えている可能性が示唆されました．これも興味深い成果でした．RC 構造でも鉄筋の付着状態が構造性能に効いてくると思いますが，既存の非破壊試験法では，鉄筋の付着状態を推定することは容易ではありません．これに対して，SRC 構造の鉄骨が断面に占める割合は大きく，色々な方法を工夫すれば，鉄骨の付着状態や形状をもっと正確に推定できるのはないかと思いました．

ソノタ：鋼材の機械的性質の推定は難しいことが分かりました．竣工年などの情報を頼りにして，鋼種を仮定することが妥当な判断に繋がるかも知れません．

　SRC 部材の耐荷力計算では，断面の平面保持則を仮定することが多いと思いますが，供用中に鉄骨の付着状態が分かる非破壊試験技術は，ニーズがあると思いました．

カイセキ：付着，摩擦，それから定着といった言葉がありますが，これらの用語も定義を明確にしておかないと混乱するかと思います．耐荷機構から見れば，定着，つまりどこで止まっているかが大事になります．今回の解析では，付着モデルの設定は耐荷力には大きく影響しませんでした．また，複合構造標準示方書でも，鉄骨の付着状態が耐荷力に大きく影響しないことを踏まえた上で，簡便な計算方法として平面保持則を仮定しているのだと思います．

　一方で，今回のように，既設構造物の維持管理において部材に作用した荷重を推定するような目的であれば，コンクリート表面のひび割れ状態が大きなヒントになります．ひび割れの発生は内部の鉄骨の付着状況に大きく依りますので，構造物の外観変状から応力状態を推定する場合に，鉄骨の付着状態を推定できる非

破壊試験技術は有用だと思いました.

6.2.3　解析で敏感な/卓越的な変数・条件

ソノタ: 3 つ目のテーマです. 解析で影響するパラメータについて議論しましょう.

カイセキ: 今回の SRC はり試験体では, 引張鉄筋と引張鋼材を適切に推定できなければ, 解析結果に大きな差が生じるようです. 実際の構造物の点検でも, コンクリートに埋め込まれた鉄筋や鉄骨の寸法, 位置, 強度が非破壊で把握できれば, 解析の精度が格段に増し, 補修・補強を合理的に検討できると思います.
　しかし, 条件によっては非破壊試験の結果にばらつきがあることも学びました.

ソノタ: 確かに, 一般的な RC 構造物と比較すると, 今回のような小さな SRC 試験体では鉄筋に関する推定のばらつきが大きくなるようでした. 材料特性にばらつきがある場合, 解析では安全側に下限値を採用するか, あるいは平均値を採用することが一般的ではないでしょうか?

カイセキ: 今回学んだことですが, 測定値や想定のばらつきの上限と下限に対して解析を実施し, ある程度の幅をもった算定結果を示し, 対策を考えることが必要になると思いました. これは図面が残っていない, あるいは内部鋼材の腐食などが容易に計測できない調査案件でも共通するかと思います.

ソノタ: そのような結果に幅をもったレポートを渡されても, 構造物の管理者は困らないでしょうか?「だから, 何? どうすればいいの?」と.

テンケン: (笑). 点検業務も同じですが, レポートの内容は依頼者にしっかりと説明し, 議論することが大事です. 用語の定義や使い分けも意思疎通を図る上で大切です. レポート内容の説明を受けて, 理解し, 適切な判断に繋げる能力が, 管理者にも求められます.

ソノタ: 今回の SRC はり試験体では, 引張鋼材が主要なパラメータになることが分かりました. 試験体では JIS 鋼材を使用していましたが, 実構造物の鉄骨が JIS 鋼材でない場合はどうすればよいでしょうか?

テンケン: 非破壊で難しい場合は, 構造上影響の小さい箇所を選び, 断面を斫って確認するのが良いと思います.

ソノタ: 鋼材と比べて, コンクリートの影響はいかがでしょうか?

カイセキ: 複合構造標準示方書の算定式を使って, 曲げ耐力とせん断耐力に対するパラメータの感度解析を行いました (3 章と 5 章に記載). コンクリート強度は, せん断耐力の値に影響するようです.

ソノタ: 示方書のマクロ式は耐荷力だけを求めるものであり, 既設構造物の状態の把握や, 解析における主要なパラメータを探る目的では, あまり参考にならないと思います. 既設構造物の状態の把握は, 部材の部位, 場所ごとの応力とひずみを明らかにすることであって, 示方書のマクロ式は限界状態でのみ耐荷力を

簡便に求める方法だと思いました.

カイセキ: その通りですね. 先ほどの鉄骨の定着と耐荷力の関係とも類似する話だと思いました. FEM などの数値シミュレーションは,降伏や終局などの限界状態に至るまでの途中のプロセスも表せます. 実際の既設構造物で得られる情報は,限界状態前のプロセスでの外観変状,ひび割れ状態や残留変形であり,この途中段階での点検情報と解析とのリンクを繋げることがポイントかと思います.

今回のケースであれば,FEM 解析を使ってひび割れの進展をシミュレーションし,実際の外観目視によるひび割れ状態と照らし合わせることで,構造物の損傷がどこまで進んでいるかを評価しました. 耐荷メカニズムが複雑な複合構造物に対して,主要なパラメータを特定することはできませんが,今後,同様の取り組みによって様々な条件での成果を収集・分析することで,技術・体系が前進すると思います.

ソノタ: データがたくさん集まれば,AI の特徴量分析などが活躍するかも知れませんね.

6.2.4　点検によって解析評価の不確実性を減じられる変数・条件
ソノタ: 4 つ目のテーマに行きます. 点検によって解析評価の不確実性を減じられる変数・条件は?

テンケン: 本来は,解析をする目的があって,解析で必要な情報(調査項目)が与えられ,その項目や要求精度に応えられるように点検が行われます. そこでより高い精度が求められるならば,複数の点検方法を組み合わせるなどの工夫が検討されます.

解析の目的(e.g. ひび割れ性状を求めたい,変形性能を知りたい,作用荷重を知りたい,耐荷力を知りたい)によって解析モデルは変わってくると思いますし,当然,必要な解析条件や点検項目も変わってくると思いますが,まだ解析側の方法論が十分に整理されていないのかなと,思いました.

ソノタ: 実際には整理されていなかったことが良く分かったのです. だからこの議論の中でも,点検の不確実性を減じる方法として,色々な点検方法を組み合わせて,ある調査データの精度を上げるという方向の議論に進まないのです.

本委員会の提言として,色々な点検方法,調査方法,非破壊試験の方法を組み合わせて,ある物性の精度を上げていきましょう,という方向は示しておきたいと思います.

テンケン: ところで,解析担当者が実務の依頼を受ける案件として,既設構造物で詳細に非破壊試験を実施して,FEM を使って状態や構造性能を評価したい,という事例は多いのでしょうか?

カイセキ: 道路橋だと,材料の耐久性を確保していれば構造性能の低下は考えなくてよい,といったスタンスなので誤解されることは多いのですが,疲労などは最たる例で,構造性能まできちんと評価しないといけない事例は少なくないです. そのため,本委員会で取り組んでいる手法やプロセスを整理しておかないといけないと思います.

その前提条件として,設計法が許容応力度法では話になりません. 構造物の設計法が限界状態設計法であり,リアリティのある照査法でない限り,構造物の性能評価もできないのです. 最近,道路橋の設計法が改訂されて,やっと性能評価もできるようになったと解釈しています. そこで,ようやくこの委員会で取り組

んだ点検や解析技術が活きてくるのではないかと思います.

　テンケン: 例えば，高速道路の橋と，代替ルートがある一般道の橋では，利用状況や予算の観点から知りたい情報も変わってくるのではないでしょうか？

　カイセキ: 変わってくると思います. どちらにしても必要なのは構造物の寿命です. 寿命を予測できて初めて，投資効果が一番効率的なものを選択できるようになります. 今の状態，性能，寿命を適切に予測できる技術が，何を判断するにしても必要なので，この委員会の取り組みがあるのだと思います.

　ソノタ: 構造物の性能評価するために，非破壊試験以外でも，モニタリングは有用でしょうか？

　カイセキ: モニタリングはとても有用だと思います. 構造物の寿命を知るためには，荷重履歴と損傷進展の予測が必要であり，特に道路橋床版の疲労ではモニタリングが必須です. 色々な方法がありますが，最終的には，作用を含めた予測が重要になります.

6.2.5　評価目的に対して工学的判断を点検・解析のいずれの段階に置くか

　ソノタ: 5つ目のテーマ，工学的判断をどこに置くか，について議論したいと思います.

　カイセキ: 色々な場面での工学的判断があるのですが，点検と解析がオーバーラップする部分であれば，例えば，非破壊試験が示したコンクリート圧縮強度に幅があった場合は，解析担当者が目的に応じて解析の入力条件を設定するのが合理的だと思います.

　テンケン: その例であれば，確かに解析担当者に工学的判断が委ねられると思います. 例えば，点検担当者はコンクリート部材の内部を伝搬する弾性波の到達時間を測っていて，その値から弾性波速度を推定します. さらに弾性波速度から解析条件（入力パラメータ）としてコンクリートの圧縮強度に換算している，というストーリーを踏まえて，解析担当者が適切な解析の入力条件を設定することになります.

　ソノタ: 点検側から幅をもった数値を渡されても，試験の原理に精通していない解析担当者では判断が難しくないでしょうか？

　テンケン: 明らかな異常値やエラーは，点検側で事前に削除します. 幅をもった結果が示されたときに，解析担当者が適切に判断できるように，情報を引き渡す際には用語の定義を明確にしつつ，点検と解析の間でコミュニケーションを図ることが大事だと思います.
　これはコンクリートに限る話かも知れませんが，なかなか非破壊試験の結果が信頼されていない気がします. 工学的判断でも良いので，何か基準値のようなものが示されれば，もう少し非破壊試験が活用されるようになると思います.

　ソノタ: 土の物性評価に比べれば，コンクリートの物性値は小さいばらつきの中で推定できていると思います. その上で，さらに推定値のばらつきの分布などが示されれば，合理的に解析条件を設定することがで

きるため，非破壊試験の結果が格段に使いやすくなると思います．

　カイセキ：　非破壊試験を有効に活用するためには，最初にレベル 1 評価（目視点検による情報）を解析 WG で行い，主要なパラメータの見通しを付けてから，精度を上げたいパラメータについて点検 WG に投げかける順番が良かったですね．そして，解析側が求めているデータを点検 WG から提供して頂き，レベル 2 評価に繋げる．そのようなプロセスであれば，解析と点検の結果がもっとかみ合うような実績になったと感じました．

　テンケン：　正にその通りです．その順番で回すことが，解析結果の精度を上げる効果的な方法であることが浮き彫りになりました．

6.2.6　今回とは異なる部材の場合の留意事項

　ソノタ：6 番目のテーマです．SRC はりではない部材に対する留意点についてコメントをお願いします．

　カイセキ：　今回の押し載荷ではなく，両振りの繰返し荷重のような履歴に対しても検討を重ねる必要があります．また，ボックスカルバートのような版部材では，側面や背面のひび割れが目視できないため，今回のように外観ひび割れ性状と解析結果を比較することができません．このような版部材が対象であれば，非破壊試験はとても有用な点検ツールになります．

　複合構造であれば，例えば CFT 構造のような表面が鋼材に覆われている場合も外観変状が表れにくくなります．内部のコンクリートの状態を推定することは容易でありません．今回の SRC はり試験体とは異なった方法が必要になるかと思います．

　ソノタ：　部材の接合部は構造上重要です．特に複合構造物では，狭い空間に鋼材が込み合っていることがあり，点検，解析ともにかなり難しくなるかと思います．しかし，SRC はり試験体で示された点検と解析のプロセス自体は共通するのではないかと思います．

　特に複合構造物は形式が多岐に渡るため，データを集めて分析し，手法や方法論のアップグレードを重ねていくことが大事だと思います．

6.2.7　今回とは異なる試験体品質の場合の留意事項

　ソノタ：　次に，試験体の品質が異なった場合について，コメントをお願いします．

　カイセキ：　今回は材料・施工ともに良く管理された試験体を対象にしましたが，実際に対象となる既設構造物は，鋼材腐食や材料劣化を含む案件かと思います．この報告書の中では，解析条件として鋼材，鉄筋，コンクリートに着目した考察がメインになっていますが，鋼材腐食や材料劣化の影響をどのように解析に反映させるのかについては，別途大きなテーマになるかと思います．

　場合によっては，プレストレスの損失や初期応力についても，構造物の状態に応じて設定する必要があるかと思いました．

　テンケン：　劣化箇所の非破壊試験は，今後も更なる高度化が必要になると思います．また，今回の対象と

は異なり，高強度コンクリートに対して強度や静弾性係数を推定するのは困難です．

　経年劣化を含めると，既設構造物は様々な状態が考えられます．コア試験片を採取して，コンクリートの物性値を確認することも有効であり，非破壊試験やモニタリングを組み合わせた調査も大事だと思います．

　ソノタ：高強度コンクリートになると，非破壊試験の原理から外れてくるのですか？

　テンケン：感度がなくなるという意味です．強度が高くなるほど，反発度がそれに応じて高くなるわけではなく，機械インピーダンスや弾性波速度も強度と線形関係ではないため，高強度コンクリートになると反発度などの指標値は頭打ち（感度がない）します．

　ソノタ：品質の話に戻りますが，経年による材料劣化と同様に，施工時の不具合が問題になることもあるかと思います．レベル1評価（目視点検による情報）では設計における構造細目を参照して解析条件を定めましたが，施工方法や施工管理，施工精度や難しさを知っていることも，点検や解析での判断において大きな助けになるかと思いました．

6.2.8　点検と解析の間に感じたギャップ

　ソノタ：最後のテーマです．実働は点検WGと解析WGに分かれて担いましたが，都度，全体委員会での情報共有やディスカッションの場を設けてきました．両者にとってそれぞれがギャップに感じたことはあったでしょうか？

　カイセキ：終わってからの感想ですが，実施する前は，非破壊試験の結果として提示された数値と，解析側が必要する入力データはイコールだと思っていました．頂いた数値をそのまま入力すれば，レベル2評価の解析は実施できるものと思っていました．

　今回の取り組みの中で，実際に提示して頂いた非破壊試験の結果を見ると，色々な条件で得られた数値に対して，なぜその範囲が設定されているのか，なぜばらつきがあるのかということを理解した上で，工学的判断のもとで解析の入力データを設定しなければいけないことを学びました．

　また，点検側に対して非破壊試験を画一的に依頼するのではなく，解析の目的に応じて必要な点検項目を洗い出すことが大切だと実感しました．

　テンケン：解析側が点検側に寄せる期待が大きいのではないか，という印象を持ちました．非破壊試験は健全/不健全の判定ができても，劣化した箇所の物性値を正確に推定することは容易ではなく，今後の高度化の余地があります．その一方で，解析側からの期待の大きさをギャップと感じつつも，必要とされている技術，ニーズの大きさであると実感しました．

　ソノタ：維持管理時代を迎えて，老朽化した構造物の中身がどうなっているのか，性能評価の手掛かりとなる非破壊試験は益々ニーズが高まると思います．

　テンケン：委員会の取り組みはケーススタディではありましたが，どういう情報を力学的性能として知りたくて，それを知るためにはどういう非破壊試験が適用できるのか，あるいは適用できないのかという一覧

表がアウトプットとして示せれば有用だと思いました.

　ソノタ：私は，今回の取り組み自体が新鮮に感じました.点検から性能を評価することは，本来は当たり前ですが，SRC 構造物を対象にして一連のものに実際に取り組み，専門分野を超えたメンバー間の議論が新鮮でした.分野横断の機会は多くないかも知れませんが，このような委員会で何度か顔を合わせるうちに，分野を超えて顔見知りになり，よい相談相手になっていくかと思います.

　今は，何でも分業し過ぎの感があります.これは土木の弱点だと思います.効率化や生産性向上かも知れませんが，そのために分業化・細分化して，いまはそれらをマネジメントして，インテグレートする技術が必要になってきたのだと思います.そこで，みんなで議論すれば目標が見えてくるかと思います.

　ただ，目的は構造物の機能を維持することです.要は構造物が機能を果たせるかどうかを知りたいということがこの委員会の最終目的であり，そのためには何の情報が必要なのかを明らかにする，これが大事だと思います.

（執筆者：内藤英樹）

第 7 章　点検・解析・評価・対策の実施手順の事例

7.1　概要

　第 6 章までは主に本委員会で取り組んだブラインド部材性能評価についての経過と結果，得られた知見を述べてきた．本章では，根拠に基づく構造性能評価に向けて，本委員会でのブラインド部材性能評価とその他の議論において得られた知見と視点を同じくする，もしくは本委員会には欠けている視点を与える，点検・解析・評価・対策の実施手順の事例を掲載する．

（執筆者：松本高志）

7.2　竣工検査（道路構造物）

7.2.1　一般的な検査項目の例

　一般に竣工検査は完成系の確認であり，具体の検査は施工段階のプロセスチェックにより実施されている．国土交通省の直轄事業では，各地方整備局が発行している「土木施工管理基準及び規格値」および各工事の「特記仕様書」に準拠して検査が行われる．一般的なコンクリート構造物の施工時検査項目の例を**表 7.2.1**に示す．完成系では確認することが難しい鉄筋工や基礎工の出来形は，その施工段階で検査を行い，記録および関係書類を作成，保管して，工事完成時に竣工検査を受け，発注者へ提出する．写真に関しても，写真管理基準に従い工事の状況や検査の写真を撮影する．

表 7.2.1　一般的なコンクリート構造物の施工時検査項目の例（出来形）[1]を参考に作成

[文献 1) 関東地方整備局：土木工事施工管理基準及び規格値，2021 年 3 月]

分類	工種	測定項目	規格値	備考
鉄筋工	組立て	平均間隔	$\pm\varphi$	φ：鉄筋径
		かぶり	$\pm\varphi$ かつ最小かぶり以上	φ：鉄筋径
基礎工	場所打ち杭	偏心量	100mm 以内	
		杭径	設計径-30mm 以上	
共同溝	現場打躯体工	厚さ	-20mm 以上	
		内空幅	-30mm 以上	

7.2.2　複合構造での検査項目の例

　複合構造では例えばコンクリートと鋼部材のように特性の異なる材料が複合的に使用されるため，それぞれの材料特性により，部材接合部などで規格値の扱いが難しい場合もある．以下に事例を示す．

（1）鋼製橋脚と場所打ち杭の干渉

　基礎が場所打ち杭となっている鋼製橋脚では，場所打ち杭の偏心量の規格値は 100mm などとなっているが，これは鋼製橋脚および鋼上部工の製作許容誤差よりも大きく，場所打ち杭の出来形は規格値内で適正に管理されている場合でも，場所打ち杭の杭頭補強筋が鋼製橋脚のアンカーフレームに干渉するような問題が考えられる．このようなケースも想定し，設計段階では，各部材の製作誤差，施工誤差などを考慮に入れ，規格値内で部材位置がずれても致命的な干渉が生じないように鉄筋や鋼部材の離隔を確保しておくなどの配慮が必要と考えられる．

（2）鋼製橋脚中埋めコンクリートの圧縮強度管理

　首都高速道路の「橋梁構造物設計施工要領（平成 31 年 3 月）[2]」では，鋼製橋脚中埋めコンクリートの設計強度と実強度の差を＋30％以内（18～23.4N/mm²）に納めるよう規定されている．鋼製橋脚の場合，中埋めコンクリートが充填されている橋脚基部を主たる塑性化を考慮する断面として，耐力とじん性を確保することとしているが，中埋めコンクリートの強度が設計強度よりも高すぎると耐力が増加し，塑性化が他の部位で先行してしまう可能性があるため，このような規定となっている．

　しかし，コンクリート材料の強度のばらつきを考えると，実強度が設計強度の+30％を超えないように配合

強度を設定した場合に，品質管理上厳しいことも想定されるため，個別の案件において，中埋めコンクリートの強度が+30%より大きくなっても橋脚基部の耐力がアンカーフレームなど周辺部材の耐力を超えないことを詳細に検討し，コンクリート実強度上限規定外であっても安全性が確保されることを判定した事例もある．

(3) PC 複合トラス橋の事例

上下床版がコンクリート，ウェブが鋼管となっている PC 複合トラス橋では，コンクリートと鋼管の接合部の設置精度管理および耐久性上の配慮が重要となる．トラス鋼管の据え付け規格値は，道路橋示方書Ⅱ鋼橋編に従い設定している．**図 7.2.1** と**図 7.2.2** に示す下床版とトラス鋼管の格点部では，耐久性上防水工が重要となるため，主防水層の膜厚を施工中はウェットゲージにて確認し，施工後は超音波膜厚計による測定管理を行っている．

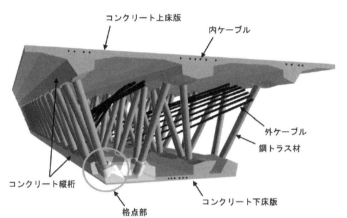

図 7.2.1 PC 複合トラス橋の概要　　　　　　　　　図 7.2.2 PC 複合トラス橋の格点部防水工

7.2.3　各種の検査項目

出来形や配筋といった主要な施工時検査項目の他に，近年では耐久性確保の観点から，維持管理段階で重要になる構造物の初期状態を非破壊検査などにより計測する場合が増加している．このような検査の特徴や留意点を示す．

(1) コンクリートの単位水量測定

コンクリートの単位水量測定は，各発注者の要領や特記仕様書にて実施が規定されている場合がある．国土交通省の要領[3]では測定精度が十分あるとみなされている適用可能な複数の測定方法が挙げられているが，東日本旅客鉄道では静電容量法が規定されている[4]．発注者により規定されている場合を除けば適用する測定方法は施工時に施工者側で選定することが多いが，総合評価落札方式の入札では，入札段階でその工事に最適と考えられる単位水量測定方法を選定し，技術提案する場合もある．

(2) 強度推定と強度試験

一般的にコンクリートの圧縮強度はコンクリート打込み時に採取した円柱供試体の一軸圧縮試験で品質管理を行うが，テストハンマーや非破壊・微破壊検査による，実躯体の圧縮強度の推定が規定されている場合もある．測定方法は特記仕様書により異なるが，国土交通省の要領[5]では，橋長 30m 以上の橋梁を対象とし

て，微破壊・非破壊試験によりコンクリート構造物の強度を測定する場合，テストハンマーによる強度推定調査を省略できるとしている．微破壊試験として外部供試体（ボス供試体）や小径コアを用いた方法，非破壊試験として超音波法と衝撃弾性波法が挙げられている．これらの試験には適用部位が規定されており，非破壊試験は橋梁上部工（桁部）および橋梁下部工（柱部，張出部）に，外部供試体は橋梁下部工（フーチング）に適用することとされている．

(3) 非破壊検査によるかぶり測定

耐久性を確保するうえで重要な鉄筋かぶりに関しても，コンクリート打込み前の鉄筋・型枠検査に加え，非破壊検査による実躯体の非破壊検査が規定されている場合が多い．国土交通省の要領[6]では，対象構造物により異なる試験方法が規定されており，橋梁上部工には小さいかぶりの探査に適している電磁誘導法が，橋梁下部工には比較的深くまで探査可能な電磁波レーダ法が規定されている．また，電磁誘導法では鉄筋間隔に，電磁波レーダ法ではコンクリート表面の含水比に影響を受けやすいため，これらに関する補正などに注意が必要である．

(4) PC 橋のグラウト充填検査

NEXCO 工事では PC グラウト充填検査が規定されており，「構造物施工管理要領」[7]に広帯域超音波法とマルチパスアレイ方式電磁波法の 2 方法が適用可能な方法として示されている．本要領には適用箇所の指定はないが，構造物の条件などにより，上下床版で異なる方法を採用する場合もある．図 7.2.3 と図 7.2.4 に示す工事の例では，支障物のない上床版には横断方向に連続的に計測可能なマルチパスアレイ方式電磁波法を採用し，外ケーブルが支障してマルチパスアレイ方式の適用が困難な下床版には広帯域超音波法を適用している．

図 7.2.3 上床版：マルチパスアレイ方式電磁波法

図 7.2.4 下床版：広帯域超音波法

7.2.4 維持管理への配慮と最近の取り組み

維持管理用の施工時情報を効率的に取得，整理するために，ICT 技術を活用した事例が増えている．ここでは，ICT 技術を利用したコンクリート打込み作業の施工管理システムと，CIM 納品の事例に関して述べる．

(1) ICT を利用したコンクリート施工管理

コンクリートの品質管理作業を簡略化し，施工時の記録を取得するために，以下のような機能を持ったシ

ステムが実用化されている [8]．システムの機器を**図 7.2.5** に示す．

・　生コン車の練混ぜから荷卸しまでの時刻を IC タグ，GPS などにより記録

・　躯体各部位の打込み開始・終了時刻を記録

・　打重ね時間間隔を自動計算し，管理限界時間に近づくと警告（**図 7.2.6**）

　このシステムでは，CIM 連携によるさらなる見える化を図り，以下のような施工時情報を記録することができる．

・　記録した各情報（練混ぜ，荷卸し，打設開始・終了などの各時刻）を CIM の 3D モデルに属性情報として自動的に付加（CIM 連携）

・　全体 CIM モデルから各打設ブロックを容易に分割生成可能

・　記録した情報の維持管理業務への利用

　このように取得した施工時情報は，施工者から発注者に竣工時に提供されることにより，維持管理業務において変状などの原因究明に有効活用されることが期待される．

工事事務所における打設管理状況

IC タグによる生コン車登録

図 7.2.5 コンクリート打込み施工管理機器

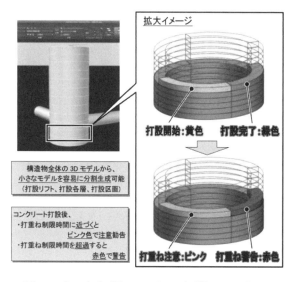

3D モデルと打設リフト・各層のモデル

図 7.2.6 打重ね時間間隔の管理

(2) CIM 納品

　トンネル工事において，以下のような施工時情報を CIM 納品している事例がある [9]．システムの概要を**図 7.2.7** と**図 7.2.8** に示す．

・　施工時の観察情報，計測情報を 3D モデルに反映し，施工情報を一元管理

・　覆工コンクリートなどの品質情報も保存し，竣工後の維持管理モデルとして利用可能

　これらの情報を含んだ管理用統合モデルを作成し，維持管理に用いるよう発注者に納品している．この統合モデルには，初期点検情報として空洞調査票やひび割れ調査票も含み，トンネルの 3 次元モデルに関連付けることで，トンネル各位置での情報に素早くアクセスできるようになっている．また，トンネル非常用設備を設置する箱抜きもこの統合モデルに含め，土木工事のデータを設備工事に適切に譲渡できるようにしている．

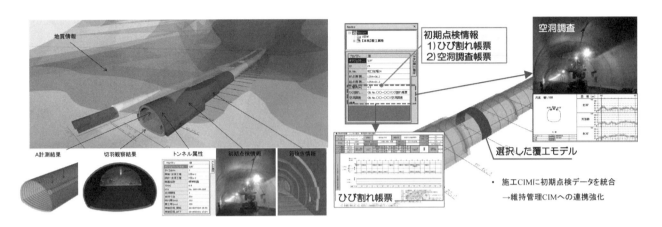

図 7.2.7 トンネル工事の施工時情報　　　図 7.2.8 初期点検データの CIM モデル統合

（執筆者：高橋敏樹）

7.3　竣工検査（鉄道構造物）

7.3.1　竣工検査

　鉄道も道路と同様に，竣工検査は，工事の完成を確認するための検査であり，工事請負契約の適正な履行を確認するためのものである．竣工検査においては，設計図に示される工事目的物が仕様書に基づき，適切に完成していることを確認することとなる．そのほかに，施工段階における品質管理の状況を確認するために，工事記録や工事写真などで品質が十分確保されていることが重要である．

　以下，東日本旅客鉄道株式会社（JR 東日本）を例に記載する．

7.3.2　検査項目の例

　JR 東日本では土木工事に関する仕様書として土木工事標準仕様書[4]を制定しており，竣工検査で確認する品質管理項目およびその許容値などが記載されている．コンクリートおよび鋼構造物（列車荷重を支持）の検査時の出来形寸法の例は**表 7.3.1** および **表 7.3.2** の通りで，軌道中心からの寸法管理を行う点が特徴的である．また，道路同様に，完成形で品質を確認することが難しいものは，施工段階で確認を行う．

表 7.3.1　一般的なコンクリート構造物の施工時検査項目の例（出来形）[4]を改変転載（一部抜粋して作表）

[文献 4）東日本旅客鉄道株式会社：土木工事標準仕様書, 2020 年 7 月]

分類	工種	測定項目	規格値	備考
鉄筋工	組立て	平均間隔	配置と間隔が設計図書と著しく異ならない	
		かぶり	マイナス側：※ プラス側：＋20mm	※部材により許容値が異なる
基礎工	場所打ち杭	偏心量	100mm 以内	
		杭径	設計径以上	
地下構造物	鉄道函体	厚さ	-10mm 以上	
		内空幅	0mm 以上	軌道中心〜外壁
			0mm 以上	軌道中心〜内壁
			0mm 以上	レール高〜上床版
			-10mm 以上	レール高〜下床版

表 7.3.2　一般的な列車荷重を支持する鋼構造物の施工時検査項目の例（出来形）[4]を改変転載（一部抜粋して作表）

[文献 4）東日本旅客鉄道株式会社：土木工事標準仕様書, 2020 年 7 月]

分類	工種	測定項目	規格値	備考
製作寸法	-	支間	±（5＋0.15L）mm	L：支間(m)
		主桁又は主構の高さ	±（4＋0.5H）mm	H：主桁又は主構高さ(m)
溶接ビード寸法	-	脚長の許容差	＋3〜0mm，ただし，合計長が 1 溶接線の 10%までは，＋4〜1mm 以下のものがあってもよい	前面すみ肉を除く
		アンダーカットの深さ	0.3mm 以下，ただし，合計長が 1 溶接線の 10%までは，0.5mm 以下のものがあってもよい	主要部材側
			0.5mm 以下，ただし，合計長が 1 溶接線の 20%までは，0.7mm 以下のものがあってもよい	2 次部材側
鋼構造物	下路桁	軌道中心からフランジまでの間隔	建築限界以上	端部，中央の 3 箇所

7.3.3 各種の検査項目

出来形以外の JR 東日本特有の検査項目の例を以下に示す.

(1) コンクリートの単位水量測定

7.2.3 (1)に記載のように,JR 東日本では単位水量測定において静電容量法を用いた機種を規定しており,国土交通省のような適用可能な複数の測定方法は選択肢となっていない.

(2) アルカシリカ反応抑制対策

レディーミクストコンクリートは JIS A 5308 に適用し,JIS マーク表示認証のある製品を用いることを原則としているが,アルカリシリカ反応抑制対策は**表 7.3.3** に示すような独自の基準を設けている.

表 7.3.3 判定区分と対策 [4]

[文献 4) 東日本旅客鉄道株式会社：土木工事標準仕様書, 2020 年 7 月]

骨材のアルカリシリカ判定種別	対策
E 有害	混合セメント等による対策
準有害	アルカリ総量を 2.2kg/m^3 以下に抑制する対策 もしくは　混合セメント等による対策
E 無害	無対策

E 有害,準有害,E 無害は,JIS A 1146 モルタルバー法で 8〜13 週と 13〜26 週での膨張率の変化か,JIS A 1145 化学法の溶融シリカ量(Sc)とアルカリ濃度減少量(Rc)の値の差などを用いて判断する.

混合セメントは,JIS R 5211 に適合する高炉セメント B 種（高炉スラグの質量分量 40％以上）又は JIS R 5213 に適合するフライアッシュセメント B 種（フライアッシュの質量分量 15％以上）を用いることとしている.また,混和材として,高炉スラグ微粉末やフライアッシュを使用する場合についても規定している.

(3) 直接列車荷重を支持する鋼構造物の品質管理

鋼橋などの直接列車荷重を支持する鋼構造物は,土木工事標準仕様書に沿った検査項目となるが,仕様書に規定されている内容として,JR 東日本への溶接工場の品質管理体制の届け出と,その工場における溶接工のすみ肉溶接技量試験の立ち会いを受けての合格したうえで,合格した溶接工による製作を認めている.

7.3.4 最近の取り組み

東日本旅客鉄道においては,CIM の取り組みとして BIM クラウド [10] と呼ばれるクラウドサーバー・UI のシステムを構築している.BIM クラウドにも構造物新設時の竣工図や工事記録などを保管できるようにしており,今後,このシステムを計画・設計・施工・維持管理に活用していく.

（執筆者：平林雅也）

7.4　鉄道構造物の事例

7.4.1　はじめに

1.2.2において，鉄道構造物の性能評価の現状について示したように，鉄道構造物の検査は，主として目視による外観上の変状から，経験などに基づいて定性的または半定量的に健全度を判定していることがほとんどである．一般の環境下に供された場合，コンクリート構造物の主たる変状は鋼材腐食であるが，これに起因する変状予測や耐荷性能の推定方法は，2007年に制定された，鉄道構造物等維持管理標準・同解説（コンクリート構造物）[11]（以下，維持管理標準）などに記載されており，**図7.4.1**に示すような，部材全体や面全体に変状が発生することを想定した安全側の評価方法となっている．しかしながら，実構造物に発生する変状は，部材や面の均一な変状の発生ではなく，**図7.4.2**に示すような，かぶり不足などに起因する局所的な範囲での発生がほとんどであり，維持管理標準に示された方法は，実際の変状状態とは差異があると言える．そのため，実務においては，定量的な変状予測や性能予測の事例が少ない要因の一つになっていると考えられる．

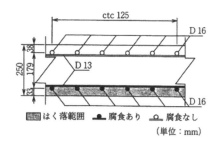

[文献11）財団法人鉄道総合技術研究所編：鉄道構造物等維持管理標準・同解説（コンクリート構造物），2007年]
図7.4.1　鉄道構造物維持管理標準・同解説　コンクリート構造物　付属資料（5-10）抜粋[11]

a）スラブ桁下面　　　b）中間スラブ下面　　　c）柱側面　　　d）梁側面
図7.4.2　実構造物のはく落事例

さて，昨今，**図7.4.3**に示すように，国土交通省が主導し，構造物の建設や維持管理に3次元情報を用いた業務の効率化や高精度化を目指すConstruction Information Modeling/Management（CIM）に関する取組み[12]が行われている．これに関して，設計段階から施工段階へのデータを引き継ぐ事例，例えば，接合部などの錯綜する鉄筋の干渉確認[13]や施工段階の事前確認[14]などで，**図7.4.4**に示すような，配筋情報を有する3次元図面（3DCAD）情報を活用した事例が増加しつつある．鉄道構造物においても，今後，設計成果物などが3DCADになることも想定されることから，設計段階，施工段階のデータをクラウド化し，一元で管理したプラットフォームを用いて，維持管理段階まで引継ぎ，検査情報などを加え，これらをデータベース化することは，定量的な変状予測や性能予測を行う上で非常に有効であると考える．

そこで本節では，形状図や配筋図などの設計情報，かぶりなどの施工情報，および変状写真やたわみなどの検査情報を構造物の3次元情報として記録し，供用期間中の性能変化を考慮する3次元FEM解析によりコンクリート構造物の性能評価を行う方法に関する新たな取組み[16]について示す．これを踏まえた，構造物の定

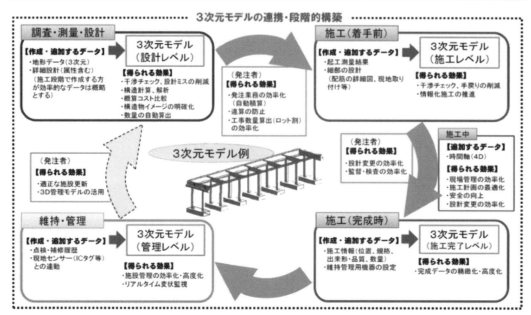

[文献 12) 国土交通省 CIM 導入推進委員会：CIM 導入ガイドライン（案），2018 年]

図 7.4.3　CIM の概念 [12)]

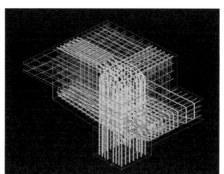

[文献 15) 財団法人鉄道総合技術研究所：鉄道構造物等設計標準・同解説 コンクリート構造物，配筋の手引き，2003 年]

図 7.4.4　3 次元配筋図の例（ラーメン高架橋上層端部） [15)]

量評価に関する現状の課題点を示すとともに，3次元データの取得レベルに応じた維持管理手法について記す.

7.4.2　性能評価手法の概要

　鉄道構造物に発生する変状は供用環境だけでなく，設計や施工の影響を大きく受けると言える. そのため，設計段階，施工段階から得られる諸数値，および適切な解析モデルを用いて，予め供用期間中の変状予測および性能変化を予測することが有効であると考える. **図 7.4.5** にこれに関するイメージを示す.

　しかしながら，一般的な設計計算の場合，コンクリートの材料構成則として引張応力は考慮されていないことや，主部材のみを考慮した骨組計算を実施するため非構造部材の影響が考慮されていないことなどから，検査情報として有効であるたわみなどの測定値が，設計で想定した値と実測値が必ずしも一致しないことが多い. また，コンクリート構造物の施工は現場作業が多く，供用年数を考慮して設定したかぶりにおいても，必ずしも設計で想定した施工誤差の範囲内に収まっていない場合もある. そのため，構造物に発生する変状や損傷，その限界状態が設計で想定した状態と異なる可能性が考えられる.

　以下で説明する手法は，設計，施工，検査の各段階における変状予測や性能評価に必要な有効な多量のデータを活用して，3 次元 FEM 解析を実施し，**図 7.4.6** に示すような必要なデータを重畳した 3 次元的な視点

により，事前に構造物の性能を予測し，供用期間中の検査結果を踏まえて解析結果を適宜修正することで，予防保全型の維持管理を行う手法である．具体的には，検査時に得られたかぶり測定結果や，列車のたわみ計測結果などを踏まえた変状予測や性能予測を実施した上で供用を開始し，供用中の変状の発生やその進行，実測値の変化を踏まえて，変状予測や性能予測を適宜修正しながら，構造物の健全度を把握する手法である．これにより，性能を踏まえた検査および検査の着眼点がより明確になることを想定している．図7.4.7に性能評価方法のフローを示す．

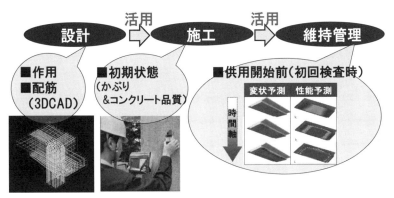

図 7.4.5　設計情報と施工情報の活用のイメージ

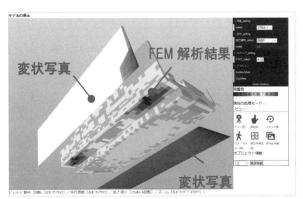

図 7.4.6　変状写真と FEM 解析結果との重畳表示の例

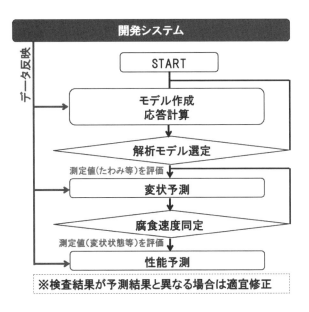

図 7.4.7　性能評価方法のフロー

7.4.3　性能評価手法の検討事例

（1）対象構造物

対象構造物は，**図7.4.8**と**図7.4.9**に示す供用35年の単線並列RCスラブ桁とした．スパンは8.2m，スラブ厚さは700mmで片持ちスラブを有し，地覆やダクトが配置され，高さ1.8m程度の全長にわたり目地のない場所打ち高欄が配置されている．軌道種別はスラブ軌道である．

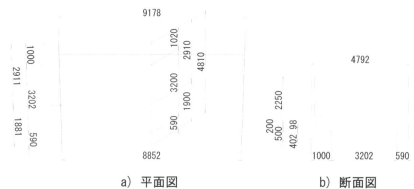

a）平面図　　　　　　　　　　　　　　b）断面図

図7.4.8　2次元表示の対象構造物の一般図（単位 mm）

a）桁下面　　　　　　　　　　b）場所打ち高欄外側

図7.4.9　対象構造物の外観

（2）当該構造物の性能評価に必要な情報

対象構造物の性能を評価するために必要な情報として，位置情報，形状情報，配筋情報，設計情報，施工情報，および検査情報が挙げられる．位置情報より，鉄道構造物等設計標準・同解説（コンクリート構造物）[17]を参照し，塩化物イオンに関する地域区分はS2地域かつ海岸線から1.5km以上離れていることから，一般の環境下での供用と分類した．形状情報と配筋情報については，**図7.4.10**に示す作成した3DCADより構造物形状や鉄筋径などの各種データを取得した．設計情報より，各種材料の設計値や列車荷重（E-17）などの設計荷重を取得した．施工情報において，かぶりは，予め測定した，**図7.4.11**に示す，スラブ下面，片持スラブ下面，および地覆外側の各面のかぶり値を取得した．

また，検査情報より変状情報などを取得する．当該構造物においては，目視においてひび割れは確認されたものの，主桁下面の線路直角方向に曲げひび割れと思われる変状は確認されなかった．なお，**図7.4.9**のb）に示すように，高欄の一部の箇所にのみはく落が確認され，当該箇所のかぶりは10mmであったことを確認した．コンクリート中の塩化物イオン量は0.3kg/m³以下であることを確認した．および，レーザードップラー速度計[18]による測定により，旅客列車通過時の支間中央のたわみの測定値は0.3mmであることを確認した．

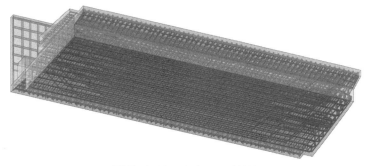

図7.4.10　3次元配筋図

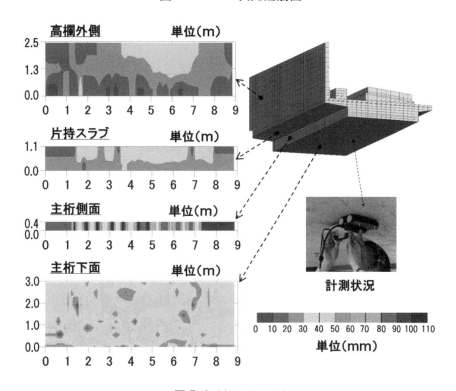

図7.4.11　かぶり値

（3）性能評価における解析モデルの選定

　解析モデルは，**図7.4.12**に示す，主桁のみ，すなわち非構造部材を考慮しないモデルであるモデルAと，非構造部材である高欄，地覆・ダクト，および路盤コンクリートを含めたモデルBを用いて検討を行った．材料構成則は文献[19]に準じた．支点条件は，支承線上の位置で，桁下面に弾性要素を介して鉛直変位を拘束した．起点方の変位拘束節点においては，線路方向の変位も拘束した．荷重の載荷は，主桁本体と版上構造に関する死荷重を載荷した後に，列車荷重＋衝撃荷重＋遠心荷重の20 ％ずつを増分させた．

　解析における要素寸法は，鉄筋付着有効面積を考慮するため鉄筋間隔と必ずしも一致しない．同様に，要素の重心位置はかぶりの測定箇所とも必ずしも一致しない．そこで，かぶり測定値をFEM解析モデルの要素特性へ反映する方法として，GISを使って勢力圏を求めるなどの方法の一例として用いられている，ボロノイ分割[20]を用いた．**図7.4.13**にかぶりを反映した解析モデルを示す．なお，コンクリートの変状の影響を解析上表現するために，鉄筋の腐食によりひび割れが発生した場合にはコンクリートの引張強度を健全時の10%に低減し，鉄筋の腐食によりはく落が発生した場合にはコンクリートの引張強度・圧縮強度を健全時の10%に低減し，それぞれFEM解析モデルの要素特性に反映した．

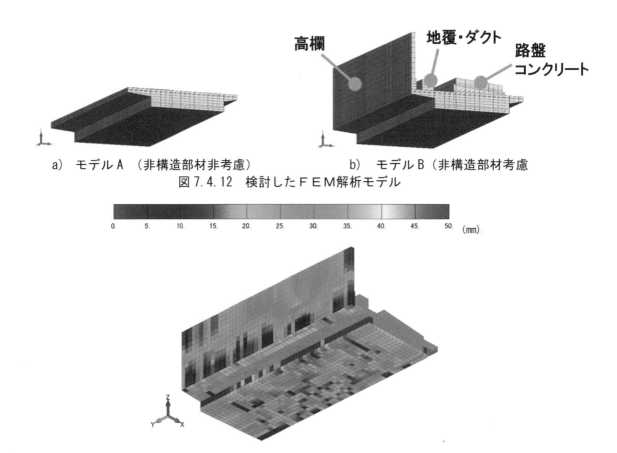

a)　モデル A　（非構造部材非考慮）　　　　b)　モデル B（非構造部材考慮

図 7.4.12　検討した FEM 解析モデル

図 7.4.13　かぶりを反映した解析モデル

(4) 適用した解析モデル

　図 7.4.14 に両モデルの列車荷重の荷重倍率と鉛直変位の関係を示す．非構造部材のモデル化の有無により，耐荷力が大きく異なる．**図 7.4.15** に示す荷重 100%時のひずみ分布では，非構造部材を含む桁下面のひずみは，スラブ下面に線路直角方向に曲げひび割れが発生しないレベルであった．これは，目視検査の結果と一致した．また，設計荷重と実列車荷重の相違はあるものの，非構造部材を考慮したことで測定値（0.3mm）とも概ね一致することとなった．そのため，維持管理において性能を評価できる FEM 解析モデルは，非構造造部材を含むモデル B（**図 7.4.12** b)）が妥当であることを確認した．

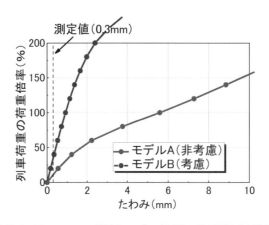

図 7.4.14　ＦＥＭ解析モデル範囲の影響検討結果

a）モデルA　（非構造部材非考慮）　　　　　　b）モデルB（非構造部材考慮）

図 7.4.15　荷重 100%におけるひずみ分布

（5）変状予測結果および性能予測結果

a）予測方法

　施工情報であるかぶり測定値と，検査情報であるはく落箇所から，当該構造物の鉄筋の腐食速度を同定し，変状予測を行う．この変状の予測結果をFEM解析モデルの要素特性に反映させ，鉄筋の腐食に伴う鉄筋の断面積の減少を考慮した性能予測を行う．具体的には，**図7.4.12 b)**に示す，かぶりの10mmのはく落発生箇所から，維持管理標準に準じた変状の予測モデルにより，当該構造物の鉄筋の腐食速度，特にはく落発生までの腐食速度を同定する．すなわち35年でかぶり10mmの箇所ではく落が発生するように，加速期（前期）までの鉄筋の腐食速度を算出する．**表7.4.1**に同定した腐食速度（$1.65×10^{-3}$（mm/年））を示す．これを踏まえて，**図7.4.16**に示すような，鉄筋の質量減少率の予測結果をかぶりおよび鉄筋径ごとに各要素に設定した．

表 7.4.1　同定した鉄筋の腐食速度

変状過程		各期の終了の指標と閾値	鉄筋の腐食速度（mm/年）	
			標準	同定値
潜伏期		中性化残り ≦10mm	0.0	0.0
進展期		鉄筋の腐食深さ ≧ $\triangle\gamma_{cr}$	$3.0×10^{-3}$	$1.65×10^{-3}$
加速期	前期	鉄筋の腐食深さ ≧ $\triangle\gamma_{sp}$		
	後期	性能項目の照査により判定	$8.0×10^{-3}$	$8.0×10^{-3}$ （維持管理標準の値）
劣化期		―		

$\triangle\gamma_{cr}$：ひび割れ発生時の鉄筋の腐食深さ，$13（c/\varphi）×10^{-3}$（mm）
$\triangle\gamma_{sp}$：剥離，剥落発生時の鉄筋の腐食深さ，$56（c/\varphi）×10^{-3}$（mm）
ここに，c：かぶり（mm），φ：鉄筋径（mm）

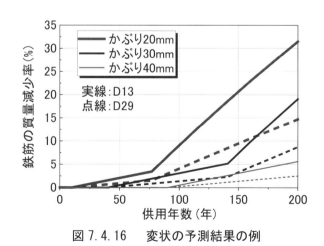

図 7.4.16　変状の予測結果の例

b）予測結果

　解析ケースは，供用年数0年（T-0），35年（T-35），100年（T-100），200年（T-200）とした．**図7.4.17**に，変状の予測結果を示す．供用35年（現在）より100年後と200年後の変状状態を推定した．

　図7.4.18に検討ケースごとの荷重倍率とスパン中央における鉛直変位（たわみ）の関係を示す．T-200のケースであっても，列車荷重程度であれば 3mm 程度のたわみとなることが想定された．これは，鉄道構造物等設計標準・同解説（変位制限）[21]の走行安全性のたわみ（スパン/400＝20.5mm），や乗り心地のたわみ（スパン/500＝16.2mm）の限界値を大きく下回り，供用年数が増加しても鉛直変位（たわみ）により列車走行に支障が生じる可能性はほとんどないことが示唆された．

　図7.4.19にスパン中央の鉛直変位が 10mm 時のひずみ分布を示す．いずれの検討ケースにおいても，スラブ下面よりも，高欄や片持スラブのひずみ値が高くなった．供用開始時の T-0 では，高欄にひずみが集中しているが，T-35，T-100，T-200 では，鋼材腐食の進行に伴って，コンクリートのひび割れやはく落が発生し，当該要素の応力分担が小さくなることで，構造物全体に対して，よりひずみが分散することが推定された．作用に起因したひび割れなどの変状は，解析結果から得られたひずみ値が高い箇所から発生する可能性が考えられるため，当該箇所の変状発生を想定した検査が有効であることが示唆された．

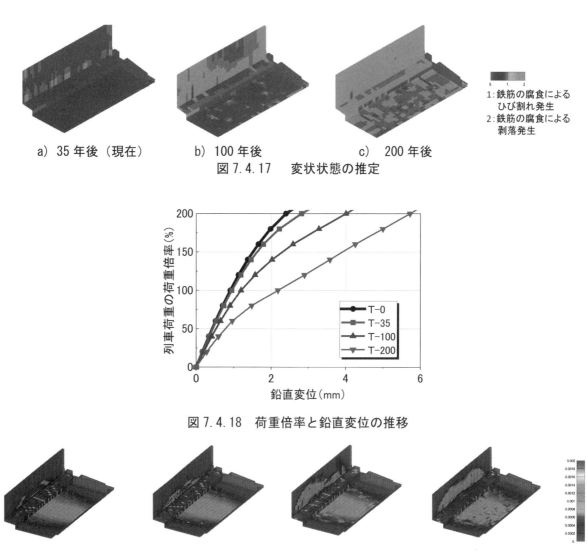

a）35 年後（現在）　　　b）100 年後　　　c）200 年後

図 7.4.17　変状状態の推定

図 7.4.18　荷重倍率と鉛直変位の推移

a）T-0（列車荷重 380%）　b）T-35（列車荷重 380%）　c）T-100（列車荷重 380%）　d）T-200（列車荷重 300%）

図 7.4.19　ひずみ分布の推定

7.4.4　性能評価手法の現状の課題点

7.4.2 に示した方法により，7.4.3 において実構造物の性能評価の推定法を示した．解析モデルの選定は，構造物の性能評価の結果に大きく影響するため，適切に選定する必要がある．設計においては，基本的に主部材のみを考慮した骨組み解析により耐力は応力度などの耐荷性能を算定している．しかしながら，実構造物においては，高欄や路盤コンクリートなどの非構造部材が剛性や耐力に影響を及ぼすことがあるため，これらの影響を適切に考慮する必要があると考える．

性能評価モデルの妥当性を把握する情報として，物理量であるたわみ，外観情報である変状や損傷状況，ひび割れやはく離は，比較的取得しやすい検査情報と言える．たわみは，現状の検査では走行安全性や乗り心地といった設計値との比較が多いが，健全な状態であっても設計値程度の値になりうるのか，予め把握しておく必要があると考える．また，設計値程度となった時にはどのような外観となるのかを予め把握しておく必要があると考える．

供用環境の評価は，7.4.2 において，構造物の鉄筋腐食速度は各部材，各面とも同一速度として算定した．また，2017 年度土木学会コンクリート標準示方書（維持管理編）[22]において部位や場所ごとに水の影響を区分しているように，図 7.4.20 に示すような雨水などの水の影響がある範囲とそれ以外の範囲では，鉄筋腐食速度が異なることが推測される[23]．そのため，実構造物においては，供用環境の影響を受けるため，明確な区分が難しいことが想定されることから，継続的な検査結果を踏まえた評価が必要になると考える．

維持管理標準[11]などに示される変状予測モデルは，暴露試験結果から得られた鉄筋腐食速度の平均値程度を想定したものであり，実構造物の供用状態を踏まえた適宜修正を前提としている．このモデルの適用範囲に加えて，鉄筋腐食を考慮した性能検討においては，図 7.4.1 のような，2 次元的な部材や面の均一な鉄筋腐食を想定した評価を行うのではなく，要素レベルを踏まえた 3 次元的な観点による評価が必要になると考える．

図 7.4.20　雨掛かりの影響範囲（下面の白色箇所）の例

なお，変状や性能を評価および予測するために必要なデータを取得するという観点から，現状，データを取得しているものの，その取得が不十分と考えられるもののひとつとしてかぶりが挙げられる．実態として，図 7.4.2 に示したように，かぶり不足に伴う鉄筋腐食の発生が多いにもかかわらず，これを把握した上で維持管理している事例は少ない．この原因として，かぶり測定する範囲や方法について整理されていないことが一因として挙げられる．一例[24]として，図 7.4.21 に示す，鉄道構造物であるラーメン高架橋の中間スラブのかぶり分布の推定値を図 7.4.22 に示す．図 7.4.23 のような離散的な測定間隔では，図 7.4.22 とかぶり分布が大きく異なるため，局所的なかぶり不足の箇所を把握するには至らない可能性が高い．かぶり不足を

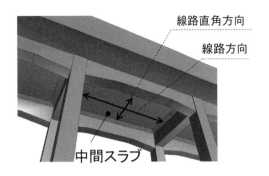

図 7.4.21　RC ラーメン高架橋の中間スラブ

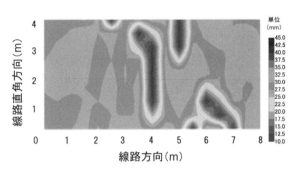

図 7.4.22　中間スラブのかぶり分布の推定図

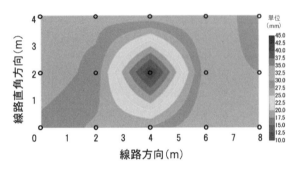

図 7.4.23　直角 2.0m × 線路 2.0m 点測定
（○：測定位置）

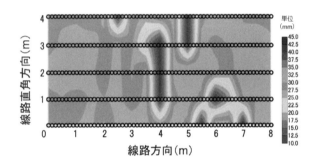

図 7.4.24　直角方向 1.0m 線測定
（○：測定位置）

把握し，構造物の性能を評価するデータ量を確保するためには，**図 7.4.24** に示すような手法などで，可能な限り鉄筋かぶりを把握し性能評価に資するデータを取得することが望ましいと考える．

このように，取得するデータの量や質によっては，変状や性能を精度よく評価および予測できない可能性があり，取得するデータレベルによって維持管理レベルが異なることに留意する必要があると考える．

7.4.5　取得データレベルに応じた維持管理手法

7.4.4 において，かぶりなどを例に，取得するデータレベルが性能評価手法に及ぼす影響について示した．しかしながら一方で，実務でのデータ取得の難易度も考慮する必要があると言える．そのため，維持管理手法の高精度化とデータの取得はトレードオフの関係にあると言える．そこで，3 次元情報に関する取得データレベル（情報度）を踏まえた維持管理手法の試案を示す．具体的には，情報度 1 の維持管理方法とは，形状，検査情報のデータを用いて維持管理を行うものである．情報度 2 での維持管理方法とは，情報度 1 のデータに加えて，かぶりなどの施工データ，最外縁鉄筋の鉄筋径や鉄筋間隔のデータ，すなわち変状予測が可能となるデータを用いて，維持管理を行うものである．情報度 3 での維持管理方法とは，情報度 2 のデータと，2 次部材も含む詳細な配筋データ，設計作用や材料特性値などのデータ，すなわち時間軸を考慮した 3 次元 FEM 解析が可能となるデータを用いて，維持管理を行うものである．

（1）情報度 1 による維持管理手法

3 次元情報を記録として活用する手法である．文献 12）の CIM モデル詳細度「200」程度を想定する．なお，同文献においては，詳細度「200」とは，対象の構造形式が分かる程度のモデルと定義されている．新設や既設問わず，**図 7.4.25** に示すように，外観から構造物の状態を評価し，前回検査と今回検査の外観比較などにより，これを管理するものである．画像情報（現場写真など）と幾何情報（ひび割れ図など）の重畳表

示にすることで，変状の発生箇所や進行の有無について，構造物の形状や発生位置を踏まえた評価も想定する．また，位置情報を有するデータベース化することで，類似の構造物や部材面における変状の有無を確認することや，典型的な変状の例との比較が可能となる．併せて，構造物および部材の公衆に影響を及ぼす範囲を踏まえた評価も可能となる．しかしながら，情報度 1 では，外側の情報だけであるため，定量的な変状予測や性能予測が困難であり，現在の半定量的な評価手法と大きな差異はない．

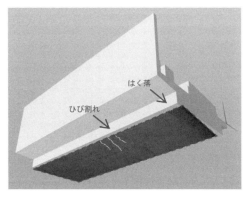 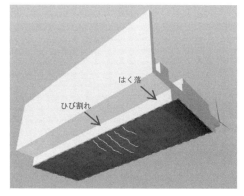

a）前回検査　　　　　　　　　　　　　　　　　　b）今回検査

図 7.4.25　前回検査との比較（情報度 1）

（2）情報度 2 による維持管理手法

3 次元情報を記録および変状予測として活用する手法である．文献 12）の CIM モデル詳細度「200」以上を想定する．図 7.4.26 に示すように，局所的にかぶりが小さい箇所を把握し，鋼材腐食に起因するコンクリートのはく落の発生が多い当該箇所を 3 次元構造物モデル上に記録する．定期的な検査から，はく落範囲などの新しい情報を踏まえて，鋼材腐食に起因する変状予測を適宜修正する．しかしながら，情報度 2 では，変状予測は実施できても，詳細な配筋情報や作用に関する情報がないため， FEM などを活用した耐荷性能に関する定量的な性能予測は困難であり，構造検査を行うことは難しい．

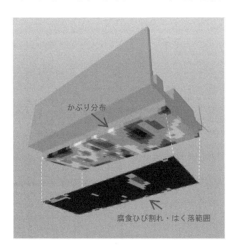 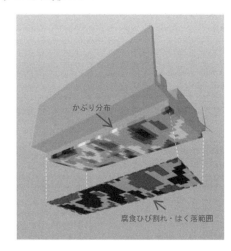

a）現在　　　　　　　　　　　　　　　　　　b）50 年後

図 7.4.26　変状予測の例（情報度 2）

（3）情報度 3 による維持管理手法

3 次元情報を記録，変状予測，性能照査として活用する手法である．文献 12）の CIM モデル詳細度「400」以上を想定する．なお，同文献においては，詳細度「400」とは，外形形状を正確に表現するとともに，接続

構造や細部構造および配筋も含めて，正確に表現したモデルと定義されている．対象の構造形式が分かる程度のモデルと定義されている．7.4.3に示した方法などを用いることで，図7.4.27に示すように，耐荷性能の観点から変状の進行性が及ぼす影響を把握することが可能となる．すなわち，設計，施工のデータを用いて変状の予測と性能項目の照査が可能となり，構造検査の観点のもと，7.4.2に示したような方法などで，予防保全型の維持管理を行うことがより可能となる．設計成果物などが3次元図面の場合には，情報度3を踏まえたデータ取得を行うことで，より高精度な維持管理が可能になると考える．

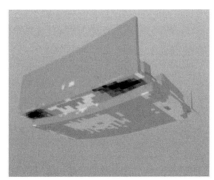
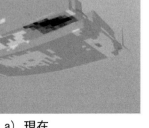

a）現在　　　　　　　　　　　　b）50年後

図7.4.27　性能予測の例　（情報度3）

7.4.6　おわりに

形状図や配筋図などの設計情報，かぶりなどの施工情報，および変状写真やたわみなどの検査情報を，構造物の3次元情報として記録し，供用期間中の性能変化を考慮する3次元FEM解析によりコンクリート構造物の性能評価方法に関する新たな取り組みについて示した．また，構造物の定量評価に関する現状の課題点を示すとともに，取得する3次元データのレベルに応じた維持管理手法について示した．現在，解析モデルや要素モデルに関する研究は様々実施されている．今後これらの成果が反映されることでより変状予測や性能評価に関する精度が向上することが期待される．これに加えて，設計，施工段階から維持管理におけるデータの有効度やその活用方法を踏まえた，構造検査を実施するための取り組みが必要になると考える．

（執筆者：仁平達也）

7.5　鉄道における下部工診断事例

7.5.1　はじめに

　鉄道構造物は既存の社会資本の中でも先行し整備されてきており，現在においても明治初期から大正時代にかけて建設されたものが輸送業務の一役を担ってきている．

　こうした古い構造物は，これまで地震や豪雨など厳しい環境下に曝されてきたことで日々の維持管理業務を遂行していく上で多くの問題点を抱えているものも少なくない．

　ところで，鉄道構造物の保全の局面において「予防保全」が意識付けされたのは意外に遅く，昭和30年代後半になってからのことである．

　それまでは何か問題が発生してから対処すればよいという「事後保全」の体質が受け継がれてきており，第二次大戦によって荒廃した構造物を原因とする鉄道事故が多発した．

　その後，事前の「検査」と「保全」が重要であることに気付くこととなり，ようやく「予防保全」の体質が国鉄内に定着するようになった．

　こうした保全の歴史を経て，昭和49年に国鉄は維持管理を体系化した指針として「土木建造物の取替標準（土木建造物取替の考え方）」を成文化した．

　図7.5.1は鉄道における事故・災害発生件数を時系列に表したグラフである．これにより「予防保全」の体系が確立されてからは顕著に事故・災害発生件数が減少してきたことがわかる（1970年から72年にかけて急増している事象に関しては，その原因は特定できていない．）．

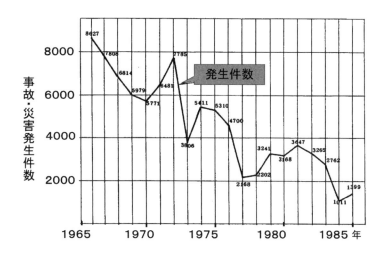

図7.5.1　事故・災害発生件数の推移

　ここで視点を変えて河川橋りょうに目を向けると，国内河川の多くは海岸線から山岳地帯に急激に変化する地形の中を流下するため総じて急勾配河川となり，それゆえ建設直後から厳しい環境に晒されてきている．さらに追い討ちを掛けるように上流部においてダムや大型砂防の建設に伴う下流部への供給土砂量の減少や，高度経済成長期における中・下流部における砂利の大量採取，さらに河道改修の進展や捷水路などの築造に伴う河道の土砂に対する掃流能力の増加など，日々，河川橋りょうは足元をすくわれるような厳しい環境下に置かれてきた．

　前置きが長くなったが，こうした背景を踏まえ，本節では鉄道における橋りょう下部工診断技術である「衝撃振動試験法」について紹介させていただく．

　ところで，本委員会が「複合構造物の構造検査と性能評価に関する研究小委員会」であることを考えると下部工の検査法がこの委員会の主旨に沿うものかどうか甚だ疑問であるが，下部工が地盤に支持されたコンクリート構造体や，また，既にその数は減少してきているが地盤に打ち込まれた丸太とレンガなどからなる旧式構造物も複合構造物として拡大解釈することも可能と考え，ここで敢えて紙面を借り「鉄道における下部工診断法」を紹介させて頂くこととする．

7.5.2 下部工に見られる変状の種類

　橋りょうを主要な構造体で分類すると桁（上部工）と橋脚・橋台（下部工）および両者の接点となる沓となる．上部工に関しては前章，前節までに譲るとして，ここでは下部工の変状を挙げてみる．

　下部工に発生する主な変状としては以下の事象が挙げられる．

　a) 河川内橋りょうに見られる河床低下や出水を原因とする洗堀による支持力の低下（**図 7.5.2**）

　　地震作用による基礎構造物あるいは橋脚躯体・柱の損傷の発生（**図 7.5.3**）

　b) 経年による躯体材料の劣化や組積構造物の場合に見られる目地の劣化に伴う強度低下・欠損・亀裂の進行（**図 7.5.4**）

　こうした変状はさらに，地上部・水上部にある橋脚躯体の「目視可能な変状」と，基礎および一部が地中・水中にある橋脚躯体などの「目視できない変状」に分類されるが，本節で紹介する下部工診断法は目視できない部位，部材の変状発生の有無と程度を定量評価可能な非破壊試験法として現在，JR だけでなく私鉄・民鉄にも活用されてきている

図 7.5.2 下部工の洗堀被害例

図 7.5.3 下部工の地震被災例

図 7.5.4 下部工の経年劣化の例

7.5.3 衝撃振動試験以前の下部工診断手法

国鉄においては昭和 30 年代，既に橋脚の診断試験法が提案され，後述する衝撃振動試験に代わるまでは土木技術者により活用されてきた．

「振動沈下試験法 [25]」と命名されたこの手法は，橋脚の傾斜や沓における異常の兆候，運転士・車掌らによる列車動揺感知から，支持力的に問題があると判断された橋脚の健全度を計る非破壊試験法として開発された．

この試験法の手順を概説すると，初めに橋脚の上流側，下流側各々の天端からピアノ線を垂らし，橋脚近傍の河床に置いた錘を不動点として列車通過時の橋脚の鉛直変位量をダイヤル式変位計やリング式変位計により計測を行う（**図 7.5.5**）．なお，レールにはひずみゲージを設置し，これにより通過列車の動的荷重についても実測する．

次に，実測された沈下量と列車荷重の関係から，基礎が保有するばね定数の値を算定し，これの大小により基礎の支持力性状を評価するというものであった．

しかし，列車荷重の実測値の精度，さらに，橋脚の鉛直振動によって地表面も上下変位を生じるなど沈下量の計測値そのものにも精度の問題があった．

ちなみに，当時，国鉄には土木構造物の検査を専門に行う構造物検査センターが各鉄道管理局に組織されており，これに所属する構造物検査のエキスパートらにより振動沈下試験が直轄で行われていた．

その後，国鉄の中枢機関である構造物設計事務所所属の西村昭彦氏により後述する「衝撃振動試験法 [26]」が提案されるまで，この振動沈下試験法は下部工の唯一の非破壊試験法として活用されてきた．

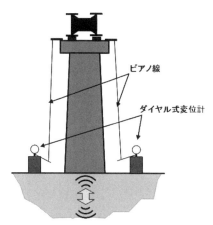

図 7.5.5　振動沈下試験における列車通過時の橋脚の動的沈下測定概要

7.5.4 「衝撃振動試験法」による性能評価（健全度判定）

衝撃振動試験法は鉄道構造物等維持管理標準・同解説（構造物偏），以下，維持管理標準 [27] に下部工診断法として導入されている．

前段から余談となるが，この維持管理標準の策定にあたっては，鉄道の技術基準における性能規定化の流れを踏まえ，既設の鉄道構造物に要求される性能を意識し，列車運行および旅客公衆の安全性を確保するための性能照査型維持管理体系を構築することを目指し，検討を行い，成文化を図ってきた．

しかし，策定当時，外部有識者などからは構造物のメンテナスの局面に性能規定を導入することについては否定的な意見も寄せられ，策定担当としてはかまびすしく感じられたが，2007 年に成文化が終わってみると，設計基準のような厳密な性能規定とはなり得なくとも，それなりに性能規定の香りのある基準として成

文化が図れ，これにより国土交通省より通達されるに至った．

　したがって，ここで試験法を紹介するに際しては性能規定をある程度意識した記述スタイルとなっている．

　衝撃振動試験では性能を評価する指標として下部工が有する固有振動数に着目している．

　この試験法では1次評価として，予め統計手法により定められた固有振動数の診断基準値（標準値）と衝撃振動試験により現場で実測された固有振動数を比較することでその健全度を1次診断している[28]．

　次に，1次診断で問題があることが疑われる下部工についてはさらに固有値解析による2次診断の手続きを踏むことで対象構造物の性能（健全度）を定量的に評価している．

　以下に試験の手順を述べる．

7.5.5 衝撃振動試験の流れ

　試験では，橋側歩道などから吊り下げた重さ300N（30 kg）程度の重錘により橋脚の天端を橋軸直角方向に打撃し，これにより発生する橋脚の打撃方向の自由減衰振動波形を振動センサにより収録する（**図7.5.6**）．

　なお，振動波形を収録する場合のセンサとしては一般的には加速度計，速度計，変位計が用いられるが，計測対象規模，収録後の波形処理の簡便さから衝撃振動試験では速度計を使用してきている[29]．

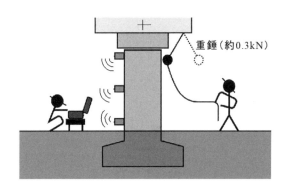

重錘（約0.3kN）

図7.5.6 衝撃振動試験概要

　橋脚の固有振動数を把握することだけを目的とするのであれば，橋脚天端にセンサを1台設置すればよいが，固有値解析による2次診断を行うことも予め想定し，一般的には橋脚天端，橋脚中間，橋脚下部の3箇所か，それ以上の台数のセンサを配置し，衝撃振動試験を行っている．**図7.5.7**に維持管理標準に則った衝撃振動試験法の実施フローを示す．

7.5.6 重錘による打撃入力について

　重錘により橋脚を打撃し，橋脚の自由振動を励起する場合の留意点としては，橋脚の天端に金属製の重錘を直接当てて打撃箇所を破壊してしまうことは避けなければならないことは言うまでもないが，それを避けるために厚く柔らかいゴムなどで過度に緩衝させ過ぎることも避けなければならない．この理由を**図 7.5.8**に示す波形とフーリエスペクトル，位相スペクトルで説明する．

　図7.5.8は衝撃加振条件の違いによる時刻歴波形と各々の入力波形に対するフーリエスペクトル解析により周波数領域に置き換えたときの荷重図および位相を概念的に表した図である．

　図 7.5.8(a)は現実的には入力不可能であるが理想的にパルス入力となった場合のフーリエスペクトルおよび位相スペクトルで，周波数領域に分解した各サイン波の荷重振幅は等しく（ホワイトノイズ），全てのサイン波は位相を持たずゼロ rad から始まることとなる．

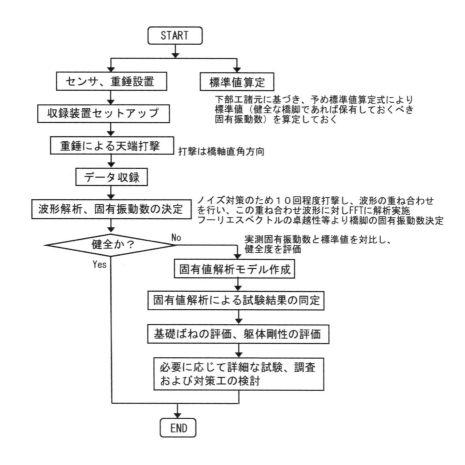

図 7.5.7　衝撃振動試験法による健全度判定フロー

　一方，**図 7.5.8(b)** は打撃に用いる重錘を硬めのゴムなどの緩衝材で被覆し，これで橋脚天端を打撃した場合の入力波形とスペクトル解析結果である．このように現実的には重錘と橋脚の接触時間は短時間ながら発生し，非常に短時間の鋭利な荷重の入力波形となる．これを周波数領域に置き換えた場合，分解波形の荷重振幅は振動数が高くなるにつれて幾分小さくなるとともに，位相については振動数が高くなるにつれてわずかながら大きくなる傾向を呈する．しかし，衝撃振動試験の対象となる構造物の 1 次の固有振動数が概ね50Hz 以下であり，したがって，入力に対する応答で評価するに際して支障はない．換言するなら，衝撃振動試験による診断において，衝撃加振入力の周波数成分，位相成分を考慮しなくともよいこととなる．

　しかし，過度に厚いゴム，スポンジなどで重錘を被覆した場合，重錘と橋脚の接触時間が過剰に長くなり，この場合のフーリエスペクトル振幅は振動数の増加に伴い過剰に低下傾向を呈するとともに，位相の値は振動数が高くなるにつれて目立って大きくなる．そのため衝撃加振による構造物の応答波形から共振振動数（固有振動数）を適切に評価するためには入力波形成分についても調べることが必要となり，こうなると非破壊試験法としては著しく面倒なものとなる（**図 7.5.8(c)**）．

　経験的には古タイヤゴム 1 枚程度の緩衝材で覆った重錘で橋脚を打撃することにより，橋脚を破壊することなく，また，入力波形を計ることなくして打撃による橋脚の応答振動波形だけで，構造物の共振振動数（＝固有振動数）を支障なく決定可能であることがわかっている．

　なお，入力波形成分の位相にまでこだわることの理由は，物体が共振状態を呈するときの条件として加速度応答の場合，入力波に対し 90°（極性によっては 270°）の遅れを，速度応答の場合 180°（0°，360°）

の遅れとなる振動理論に基づいている.

つまり，衝撃振動試験における橋脚の固有振動数の特定では，応答波形のフーリエスペクトル振幅の卓越と位相スペクトルの共振時の値の両面から決定していることとなる.

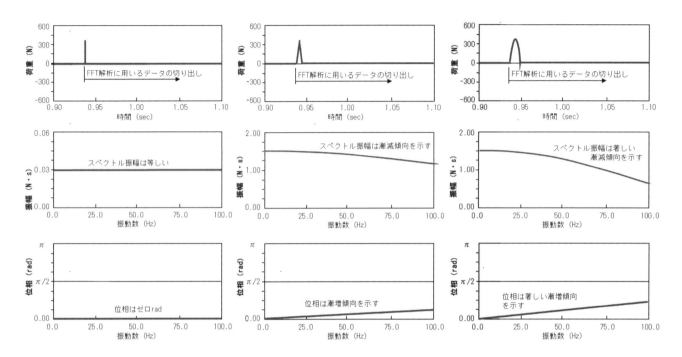

（a）理想的なパルス入力波形　　（b）適切にプロテクトした打撃波形　　（c）過度にプロテクトした打撃波形

図7.5.8　衝撃加振時の入力波形とフーリエスペクトル振幅および位相

7.5.7 標準値による1次診断

鉄道橋りょう下部構造物の性能確認の1次診断では健全度指標値（κ）に基づき判定が行われる.

健全度指標値（κ）は，下記のように求められる.

$$\kappa = \frac{\text{実測固有振動数}}{\text{初期値あるいは標準値}} \tag{7.5.1}$$

上式の分母にある「初期値」とは，構造物の完成時に衝撃振動試験を実施し，これにより把握された固有振動数か，あるいは完成後であっても地震・洗堀を経験していない早期の健全な時期に衝撃振動試験を実施し，これにより健全な状態で把握された固有振動数のことである.

一方，同じく分母にある「標準値」は，初期値がない場合のために簡易な数式により算定可能で，これは「健全であればこれくらいの固有振動数を有しているべきである」と定義される.

標準値算定式は固有振動数と相関の高い上部工重量，橋脚の高さ，橋脚の幅や地盤の強度定数などをパラメータとする数式として基礎形式別に用意されている.

なお，この標準値算定式は，過去に実施した数多くの衝撃振動試験データを集め，統計手法により構築しているが，収集したデータについては，基礎の根入れ深さ（土被り，局所洗掘の有無）を念入りに調べるとともに躯体の入念目視，下部工の弱点が最も顕著に現れやすい沓周りの乱れの有無，可動沓の余裕しろ，さらに列車通過時の動的変位量測定（水平変位・鉛直変位）を実施し，専門家の観点から有効であるとともに健全と判断されたデータのみを選択し，多変量解析に用いてきた.

橋脚の健全度は**表 7.5.1**に示す判定区分により性能評価可能となっている．この判定区分は，被災した橋脚を対象に衝撃振動試験および入念な現場調査を実施し，これらの結果から下部工の状況を評価した事例に基づき定めている．

表 7.5.1　健全度指標値（κ）に基づく判定区分

健全度指標値 κ	健全度		処　　置
$\kappa \leqq 0.70$	A	A1	異常時外力に対して危険な変状がある．他の調査結果を参照し，補修・補強を考慮する．
$0.70 < \kappa \leqq 0.85$		A2	固有振動数の低下など，進行性を把握する．
$0.85 < \kappa \leqq 1.00$	B		現状では問題は少ない．
$1.00 < \kappa$	S		現状では健全と考えられる．

一例として複線桁を支える直接基礎橋脚の場合の固有振動数の標準値算定式を以下に示す．

$$F = 23.7 \times \frac{B^{0.81}}{W_H{}^{0.24} \times H_d{}^{0.75}} \tag{7.5.2}$$

ここで，F は固有振動数の標準値（Hz），B は線路直角方向の橋脚幅（m），W_H は上部工反力（tf），Hd は橋脚高さ-1.0（m）である（フーチング上面から 1.0m の位置を仮想地盤面と定めている）．

表 7.5.2に基礎形式別に作成した標準値算定式を示す．

7.5.8 固有値解析による 2 次診断

標準値に基づく 1 次診断の結果，「A1 判定」とされた橋脚に関しては，直ちに補修・補強を行うのではなく，次に詳述する固有値解析による衝撃振動試験結果の同定を行い，これの結果から橋脚躯体剛性および地盤ばね定数を評価する．

これにより対象橋脚の固有振動数の低下要因の推定や補修・補強の要否，方法，補修・補強による効果を事前に推定するなど，精度の高い情報を得ることが可能となる．

（1）固有値解析モデルの構築

固有値解析モデルは骨組みモデルで構築している．ここでは具体例として 2008 年度に上田電鉄の要請により鉄道総研が行った解析例に基づき紹介することとする[30]．

対象橋脚は経年的に河床低下が進行する千曲川に掛かる上田電鉄別所線千曲川橋りょうのケーソン基礎橋脚 P1（**図 7.5.9**）である．

この時の衝撃振動試験結果を**図 7.5.10**に，また，1 次の診断結果を**表 7.5.3**に示す．これにより河床低下は進行しているものの橋脚の周りに投入されていたブロック類が奏功し，健全度は S 判定となった．

この橋脚が S 判定となったことで，本来であればこの時点で健全度調査は完了するが，上田電鉄の要望によりこの時点の状況確認を目的に固有値解析まで実施した．

P1 の固有値解析では，**図 7.5.11**に示すように上部工（桁）を 1 質点，橋脚および基礎を 10 個の質点に分割している（図中番号 1〜11）．

表 7.5.2 標準値算定式

対象	適用範囲	算定式
直接基礎	単線橋脚用	$F = 25.4 \times \dfrac{1}{W_h^{0.11} \times H_d^{0.47}}$ （粘性土地盤） $F = 49.0 \times \dfrac{1}{W_h^{0.24} \times H_d^{0.47}}$ （普通の砂質地盤） $F = 83.7 \times \dfrac{1}{W_h^{0.20} \times H_d^{0.71}}$ （岩盤・砂礫地盤） W_h ：上部工反力（tf） H_d ：橋脚高さ－土被り*（m）
	複線橋脚用	$F = 23.7 \times \dfrac{B^{0.81}}{W_h^{0.24} \times H_d^{0.75}}$ B ：橋脚の直角方向躯体幅（m） W_h ：上部工反力（tf） H_d ：橋脚高さ－土被り*（m）
木杭基礎橋脚用		$F = -9.9\log H_d + 0.005 \cdot W_h + 14.9$ H_d ：橋脚高さ－土被り*（m） W_h ：上部工反力（tf）
杭基礎橋脚用		$F = 35.0 \times \dfrac{\left(B^3/L\right)^{0.15} \times \left(D^3 \times N^{1/4} \times n\right)^{0.1}}{\left(W_h \times t^2\right)^{0.25}}$ B ：橋脚の直角方向躯体幅（m） L ：橋脚高さ（m） D ：杭径（m） N ：加重平均N値 $N = \sum {N_i}/{L_i} \Big/ \sum {l_i}/{L_i}$ N_i ：i層目の地盤のN値 L_i ：i層目の地盤の深さ（m） l_i ：i層目の地盤の層厚（m） n ：杭本数（本） W_h ：上部工反力（tf） t ：杭の第1不動点+橋脚高さ 　　$t = t_1 + L$ 　　$t_1 = 35.3 \times D^{15/16} \times N^{-1/4}$
ケーソン基礎橋脚用		$F = 11.83 \times \dfrac{N^{0.184}}{W_h^{0.285} \times H_k^{0.059}}$ N ：加重平均N値 W_h ：上部工反力（tf） H_k ：橋脚高さ－天端張出部の高さ（m）

図 7.5.9 起点側から見た千曲川橋りょう（手前が P1）

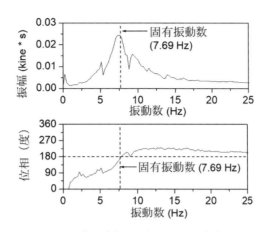

図 7.5.10　千曲川橋りょう P1 の衝撃振動試験結果

表 7.5.3　P1 の 1 次の診断結果（2008 年度実施時）

実測固有振動数	標準値	健全度指標 κ	健全度
7.69Hz	5.39Hz	1.43	S

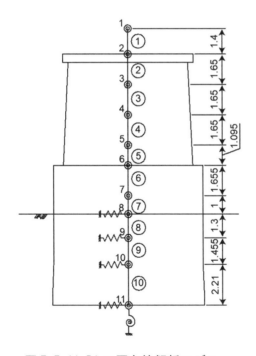

図 7.5.11　P1 の固有値解析モデル

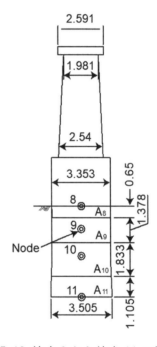

図 7.5.12　節点 8 から節点 11 の側面積

　分割配置した質点各々は，質点番号 1 には上部工反力を，質点番号 2〜11 には橋脚躯体の自重およびケーソン基礎の自重を各々の質点に振り分け，付与している．

　次に，質点間の要素部材（①〜⑩）は構造一般図から各質点間の断面 2 次モーメントを算出し，これにコンクリート材料としてのヤング係数を乗じた値を曲げ剛性 EI として算定し，質点同士を連結している．

　なお，躯体が RC 構造物である場合，正しくは鉄筋量，配置状況を加味し，躯体の曲げ剛性 EI の算定を行うことでより精度の高い固有値解析モデルとなり得るが，通常はコンクリートの断面だけで曲げ剛性を算出

し，実測値を同定する段階で，シミュレーション補正倍率（以下，シミュレーション倍率と称す．）として評価することを行っている．

　河床面から基礎底面までの質点（質点番号 8～11）にはケーソン基礎の側方地盤ばね K_h，およびケーソン基礎の底面地盤ばね（K_s，K_R）を設定している．

　具体的には，

ⅰ）水平地盤ばね K_h は地盤面以下にある質点 8～質点 11 が分担する地盤前面（作用に対する抵抗面）の面積に応じて算出（**図 7.5.12** に示す面積 A_8～A_{11}）

ⅱ）ケーソン基礎底面せん断ばね K_s は基礎底面積全面積有効として算出し，上記の質点 11 の水平地盤ばねに加算する．

ⅲ）ケーソン基礎底面回転ばね K_R についても基礎底面積全面積有効として算出し，質点 11 に設定．

　地盤ばね定数の算定は鉄道の基礎構造物設計標準（以下，基礎標準）[31]に従って地盤の N 値，他，既存の調査データ（地盤の強度定数）に基づき算定している．

　なお，橋脚への打撃入力が線路直角方向に水平加振とするものであることから橋脚の鉛直方向の固有値については考慮する必要はなく，したがってケーソン基礎の底面の鉛直ばねは設置せず，これにより回転変位は発生するが鉛直変位は発生しないものとしてモデル化を図っている．

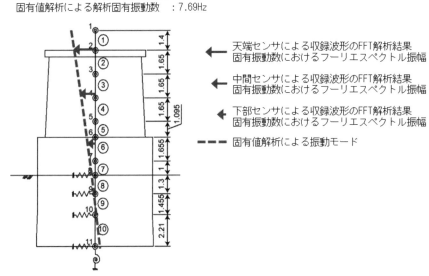

図 7.5.13　P1 の実測値の同定解析結果

(2)　固有値解析結果と健全度診断

　固有値解析による診断では，衝撃振動試験による実測固有振動数と実測振動モードを一致させることが必要となり，そのために初期モデルに設定した躯体剛性 EI と地盤ばね定数 K を適宜変化させ，試験結果を適切に同定することとなる．なお，実測振動モードは橋脚の固有振動数と判定された振動数でのフーリエスペクトル振幅を用い，センサを設置した高さ毎にプロットし，近似曲線で結んだ形である（**図 7.5.13** 中，破線で表現）．

　前項で述べたように躯体剛性 EI は質点同士を結ぶ棒部材の平均的な断面形状から算定される断面 2 次モーメントで，初期設定値は全断面有効として計算を行う．また，ヤング係数 E は設計図書などに記載されたコンクリート強度に応じた値，また，組積構造物の場合では経験的に設定する．しかし，専門技術者による

接近目視の結果，躯体の劣化，欠損，ひび割れ，さらに建設当初の打設不良などが認められる場合は，そうした変状などが認められる箇所の躯体剛性を低減するなど適宜修正する．これにより，次式に示す躯体剛性に対するシミュレーション倍率 α の値を算出し，**表7.5.4** に当てはめることで躯体そのものの評価を行っている．

$$\alpha = \frac{躯体剛性の解析値}{躯体剛性の初期値} \tag{7.5.3}$$

表7.5.4 躯体剛性 EI の健全度判定区分

α の範囲	判定ランク	状況評価
$\alpha < 0.50$	A1	異常時外力に対して危険な変状がある．他の調査結果を参照し，補修，補強を考慮する．
$0.50 \leq \alpha < 0.75$	A2	固有振動数の低下等進行性を把握する
$0.75 \leq \alpha < 1.00$	B	現状では問題は少ない．
$1.00 \leq \alpha$	S	現状では健全と考えられる．

　一方，地盤ばねについてはボーリング，他により得られた地盤の強度定数に基づき地盤ばねの初期値を算定しているが，地盤調査結果のバラツキや過去に受けた地震作用，洗堀後の緩詰め土砂の再堆積，近接施工の影響といった原因により当初モデルで設定した値を支持地盤が発揮し得ていない場合もある．このような場合，同定解析ではシミュレーション倍率は小さな結果となる．

　表7.5.5 に千曲川橋りょう P1 の同定後のシミュレーション倍率を示す．なお，現地の調査では P1 の躯体の入念な目視，および弾性波試験を実施しており，これにより躯体自体には変状が認められないことを確認している．したがって，躯体のシミュレーション倍率については 1.0 倍のまま，地盤ばね定数のシミュレート倍率を変化させ，実測結果の同定を行っている．

表7.5.5 地盤ばね定数のシミュレーション倍率

橋脚	K_h	K_s	K_r
1P	3.0	8.8	8.8

　なお，次項で述べるとおり基礎標準に基づく地盤ばね定数と衝撃振動試験の同定による地盤ばね定数の乖離は大きいことを念頭において，健全度を評価することが必要となる．

　以下では基礎標準に基づく地盤ばね定数と衝撃振動試験で同定した地盤ばね定数の乖離について詳述する．

(3) 基礎標準に基づく地盤ばねと固有値解析による地盤ばねの値の乖離について

　鉄道の基礎構造物の設計は基礎標準に基づき行われる．また，衝撃振動試験による健全度の2次診断でも固有値解析モデルに設定する初期ばね定数は基礎標準に基づき算定することとなる．

　しかし，基礎標準に基づく地盤ばね定数と衝撃振動試験で同定した地盤ばね定数の間には大きい乖離が生じる．この理由を以下の二つの理由から説明する．

ⅰ）設計荷重作用時の地盤のひずみレベルと衝撃振動試験により発生する地盤のひずみレベルの違い

　基礎を支える地盤をばね定数として取り扱う研究は古く（E.Winkler, 1867 年）国内においても早くから地

盤工学者らにより進められ，その時々の成果が道路，鉄道，他の構造物設計の考え方に取り込まれてきた．

　鉄道においては日本国有鉄道時代の組織の一つである構造物設計事務所の精鋭らによる実務を念頭に置いた各種の試験・解析の成果が設計基準の策定・成文化に取り入れられてきた（古くは，昭和 49 年制定の建造物設計標準解説：基礎構造物及び抗土圧構造物等）．さらに組織改革により JR に移行してからは鉄道総合技術研究所の研究者らにより設計基準の改定作業が引き継がれ，その時々の研究成果が設計標準に取り入れられてきた（例えば国交省監修，鉄道総研編集　鉄道構造物等設計標準・同解説（基礎構造物，抗土圧構造物），平成 9 年）．

　こうした中，地盤ばね定数算定において基本となる地盤の変形係数 E_0 に着目すると，上記の設計基準の変遷を通して共通していることは，この E_0 は平板載荷試験，三軸試験などによる各種の原位置・室内試験に基づき定式化されてきているが，試験結果の解釈において，実設計で考慮する荷重レベルに応じた地盤のひずみ・変位領域における変形係数 E_0 を求めてきている．さらに，通常の設計において一般的な流れとなっている N 値から変形係数を求める換算式に関しても原位置・室内試験結果にキャリブレーションする形で定められてきていることから，結果的に実設計荷重レベルにおける地盤のひずみ・変位に擦り付けたものとなっている．

　さらに，変形係数 E_0 から地盤反力係数（各種の k），地盤ばね定数（各種の K）に変換するための数式の構築に関しても道路・鉄道関係者らにより継続的に研究されてきた．

　鉄道における地盤反力係数（ k ）および地盤ばね定数（ K ）の算定式の構築に関しては，基礎の静的載荷試験や大型起振機を実橋脚天端に設置し加振するような動的載荷試験を実施し，これらによりフーチングの面積効果の検証や静的載荷と動的載荷による場合の地盤ばねの大きさの違いなど，実験的にアプローチを行い，それらの結果を設計基準に反映してきている [32),33),34)]．

　一方，衝撃振動試験においては 300N 程度の重錘で橋脚天端を加振しており，これによって発生する側方地盤，底面地盤のひずみは著しく小さく，超弾性領域での応答となっている．

　ここで概念的になるが設計で考える地盤ばねと衝撃振動試験レベルでの地盤ばねの違いを**図 7.5.14** に表した．

　この図はフーチングの回転地盤ばねについて考察したもので，設計で考慮する荷重レベルと重錘打撃による荷重レベルの違いによる回転地盤ばね K_R の乖離をイメージとして表したもので，これにより固有値解析による衝撃振動試験結果の同定においては 1.0 以上のシミュレーション倍率を設定することが必要となることが理解できる．

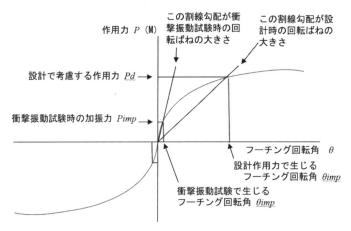

図 7.5.14 設計ばねと衝撃振動試験ばねの乖離の概念

ⅱ）設計モデルと固有値解析モデルの各々に考慮するばねの数の違い

次に，設計と衝撃振動試験におけるばねの数の考え方の違いを表したのが**図7.5.15**である．

文献8から10を精査すると，地盤ばねの設定における静的載荷試験，振動試験ではかなり大きく構造物を変位させており，起振機試験では基礎底面の一部浮上りが生じているといった記載もある．

したがって，データの分析では基礎底面の浮上りに加えて基礎および地中にある橋脚躯体の前・背面の地盤と基礎・躯体の間には隙間が生じている状況下で地盤反力係数を定式化したものと考えてよい（当時の関係者の一人，青木一二三氏にヒアリングを行い，このことを確認済み）．

一方で衝撃振動試験によって生じる基礎周辺地盤のひずみは極々些少であり，加振直後から減衰するまでの間において受働側，主働側の両側面において地盤ばねが切れることはなく，したがって地盤ばねは終始，超弾性，線形性状を担保していると考えてよい．

このことを勘案すると，**図7.5.15**に示すとおり衝撃振動試験で考える地盤ばねは設計地盤ばねの2倍の数だけ設定されてしかるべきと考えることは妥当であろう[35]．

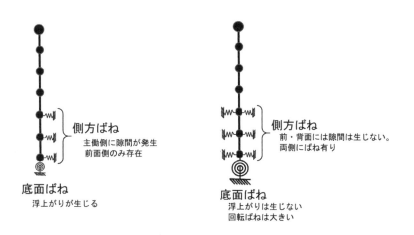

(a) 設計におけるばねの設定　　　(b) 衝撃振動試験におけるばねの設定

図7.5.15 設計と衝撃振動試験の各々で設定すべき地盤ばねの違い

このようなⅰ），ⅱ）の考え方の検証として，地盤条件が明確な橋脚を対象に衝撃振動試験および試験結果に基づく固有値解析を実施し，設計ばねと解析ばねの違いを基礎形式別に整理した結果を**表7.5.6**に示す[36]．

なお，初期ばね定数は基礎標準に規定する短期ばね（長期使用限界状態の検討で用いる地盤ばねの2倍）である．

つまり，例えば直接基礎橋脚の場合，地盤の柱状図に示されたN値から設計ばねを算定し，固有値解析を実施した場合，本当にそのN値どおりの支持力を有しているならば，同定後のシミュレーション倍率は3.2倍程度となる．

表7.5.6 設計ばねと衝撃振動試験による同定ばねの乖離

基礎形式	補正係数
直接基礎	3.2
ケーソン基礎	3.0
杭基礎	2.0

（4）千曲川橋りょう P1 の総合評価

ここであらためて上田電鉄別所線千曲川橋りょうのケーソン基礎橋脚 P1 について総合的に評価する．

ⅰ）1 次診断では，この橋脚の「標準値」が 5.39Hz であるのに対し，実測固有振動数は 7.69Hz と高い値を示し，その結果，P1 の健全度指標 κ は 1.43 と大きい値となり，これにより健全度は「S 判定」となった．

そもそも河床が低下しているにも関わらず健全と判定されたことの理由は，橋脚周りに無秩序ながら投入されたコンクリートブロックが奏功したものと考えてよい（本来, 洗堀対策を目的とする根固め工にあって，無秩序にブロックが投入されている当時の状況については，ここでは評価はしないこととする．）．

ⅱ）次に固有値解析による詳細評価では，躯体の接近目視および弾性波試験の結果，躯体には変状は認められないことの知見に基づき，躯体剛性のシミュレーション倍率は 1.0 固定のまま地盤ばねを変化させて解析したところ，水平ばねで 3.0，底面せん断ばね，および回転ばねが 8.8 倍の値となり，ケーソン基礎の場合の補正係数である 3.0 倍と同等，もしくは大きく上回る結果となった．

以上より，現状においては基礎周辺地盤の緩みなどの異常はないと判断できた．

7.5.9 躯体剛性評価の限界について

これまでは，固有値解析を行うことで基礎ばねのシミュレーション倍率により基礎の支持力性状を評価可能であること，また，躯体に関してはシミュレーション倍率が 1.0 を上回るか，下回るかによって躯体の健全度を評価可能であることを説明してきた．しかし，ここからは躯体剛性による健全度評価については診断法としての限界があることについて述べておくこととする．

ここであらためて，橋脚躯体の劣化・変状の種類としては，地震作用による亀裂や躯体の欠損の発生，目地切れや特に寒冷地に見られる凍結融解作用による断面の痩せ，建設当初の打設不良（コールドジョイントや打ち継ぎ目処理の不良），組積造においては目地モルタルの痩せ，レンガブロックの抜け落ち，レンガ・コンクリートブロック表面の著しい風化，流下物の衝突による断面欠損や亀裂の発生などが挙げられる．

これら変状の多くは，接近目視により状況を確認することが可能であるが，固有値解析を行うことの理由は，目に見える変状であってもその変状程度を定量的に評価することにある．つまり，曲げ剛性 EI という指標に着目し，その低下の有無と程度を数量的に把握し，これにより健全度を計ることにある．

このことはスレンダーな円形橋脚や背の高い橋脚，また，ラーメン高架橋の柱の評価に関しては妥当に評価可能である一方で，無筋コンクリート造や組積造に見られる壁式橋脚の場合は, 評価が難しいものもある．

壁式橋脚の様にずんぐりとした躯体断面の橋脚では，作用力と発生応力の関係から躯体の断面形状が決定されたものではなく, 上部工の左右の沓の間隔や安定性を担保した基礎の形状のまま立ち上げたことにより，その結果，壁式となったものが多く存在する（図 7.5.16）．

こうしたディテールを持つ橋脚の場合，例え全断面に亀裂の進行が認められても衝撃振動試験では不健全と判定されない場合が多々ある．

その理由は，重錘による打撃入力では躯体の欠陥を声として聴き取れないことにある．

このことについて図 7.5.17 に示す打継ぎ目位置で全周, 全断面にわたり目地切れした状態にある壁式橋脚を例に説明する．

図 7.5.17 はあくまでも概念であるが, 亀裂から上方にある桁と橋脚躯体は躯体材料のヤング係数から決まる弾性ばねにより支えられていると考えられる．こうした状況にあって橋脚天端を重錘により打撃したときに生じる躯体引張縁端部の衝撃応力とこれにより生じる極僅かな回転変位ひずみの関係は終始，弾性範囲内にあり，けっして非線形領域に至るものではない．その結果，躯体の剛性低下としての性状は出現してこな

いこととなる（図7.5.18）．

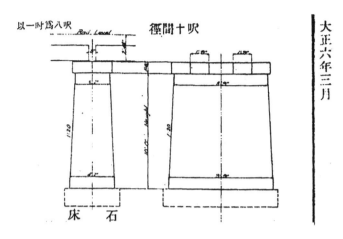

図7.5.16　大正6年に鉄道作業局建設部より通達された例規類集から引用

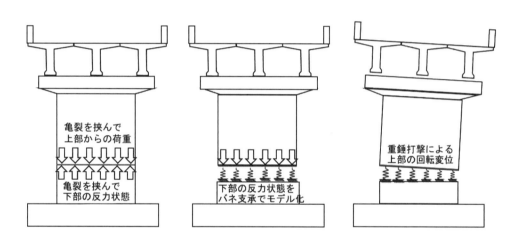

（a）亀裂を挟む反力の模式　　（b）弾性床上のイメージ　　（c）打撃による亀裂の状況

図7.5.17　重錘打撃により生じる微小変位の概念図

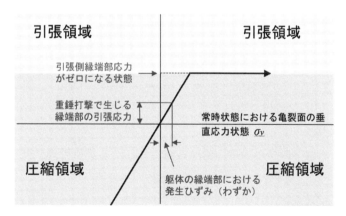

図7.5.18　亀裂面の引張縁端部の応力〜ひずみ関係

　つまり，このとおりだとすると衝撃振動試験による性能の確認は，基礎の支持力特性に特化することとなるのかという議論に及ぶが，そもそも衝撃振動試験は下部工の耐震性についてまで明確に評価するものでは

なく，常時において列車の走行安全性を担保しているか，いなければどの程度性能の低下が生じているのかを確認するための性能評価手法と理解すべきである．

つまり，躯体剛性の健全度判定指標 α が 1.0 を下回る結果となった下部工については，常時において列車の走行安全性を担保していないか，幾分の低下が認められるという判断材料として構造物の管理者に伝わり，次に，それではと接近目視を行い，この結果，亀裂の発生の重篤さが予測できたならば，透過法による弾性波試験や必要によってはコア抜きを，更に地中部や水中部においてはドライアップを図るか，基礎部を露出させるか，というように何らかの詳細調査を促し，総合的に補修の要否を考えさせることとなる．

このように固有値解析による躯体の評価には限界があるが，構造物管理者には，より詳細な試験・調査を行うためのモチベーションを持たせるというものであることと理解し，活用していけばよいと考える．

7.5.10 まとめ

以上，鉄道における下部工診断法について紹介した．

本試験法については診断精度という観点から見ると，依然，十分に高いものではないと感じている．しかし，これまでこの試験と解析により評価・判定したことで列車の走行安全性に支障が生じた事象はない．

考え方によれば安全側過ぎる性能照査法であるやもしれず，今後，鉄道に関わる研究者，実務者らの頑張りによって，より精度向上が図られることを期待したい．

（執筆者：羽矢　洋）

参考文献

1) 関東地方整備局：土木工事施工管理基準及び規格値，2021 年 3 月
2) 首都高速道路株式会社：橋梁構造物設計施工要領，2019 年 3 月
3) 国土交通省：レディーミクストコンクリート単位水量測定要領（案），2004 年 3 月
4) 東日本旅客鉄道株式会社：土木工事標準仕様書，2020 年 7 月
5) 国土交通省大臣官房技術調査課：微破壊・非破壊試験によるコンクリート構造物の強度測定要領，2018 年 10 月
6) 国土交通省大臣官房技術調査課：非破壊検査によるコンクリート構造物中の配筋状態及びかぶり測定要領，2018 年 10 月
7) 東日本高速道路株式会社・中日本高速道路株式会社・西日本高速道路株式会社：構造物施工管理要領，2020 年 7 月
8) 末宗利隆ほか：ICT と CIM を活用したコンクリート施工管理システムの運用，土木学会第 72 回年次学術講演会，VI-808，2017 年
9) 杉浦伸哉ほか：紀勢線三草トンネル工事における施工 CIM から維持管理 CIM への取組み，土木学会論文集 F4（建設マネジメント），Vol. 71, No. 4, I_227-I_233，2015 年
10) 井口重信，池田星斗，平林雅也：JR 東日本の建設工事における ICT を活用した生産性向上の取り組み，鉄道施設協会誌，pp.28-29，2020 年 7 月
11) 財団法人鉄道総合技術研究所編：鉄道構造物等維持管理標準・同解説（コンクリート構造物），2007 年
12) 国土交通省 CIM 導入推進委員会：CIM 導入ガイドライン（案），2018 年
13) 例えば，一般社団法人日本建設業連合会：2018 施工 CIM 事例集，2018 年

14) 例えば，国土交通省：BIM/CIM 事例集 ver.1, 2019 年

15) 財団法人鉄道総合技術研究所：鉄道構造物等設計標準・同解説　コンクリート構造物，配筋の手引き，2003 年

16) 土橋亮太，金島篤希，仁平達也，大滝航，坂口淳一：検査情報と 3 次元情報を活用したコンクリート構造物音性能評価システムの開発，鉄道工学シンポジウム論文集，Vol.24, pp.33-40, 2020 年

17) 財団法人鉄道総合技術研究所編：鉄道構造物等設計標準・同解説（コンクリート構造物），2004 年

18) 上半文昭：鉄道構造物の遠隔非接触検査技術の開発，実験力学，Vo.17, No.4, pp.281-289, 2018 年

19) 土木学会：2017 年制定コンクリート標準示方書【設計編】，2017 年

20) 例えば，奥貫圭一：GIS を活用した空間分析，地学雑誌，Vol.117(2), pp.324-340, 2008 年

21) 財団法人鉄道総合技術研究所編：鉄道構造物等設計標準・同解説（変位制限），2006 年

22) 土木学会：2017 年制定コンクリート標準示方書【維持管理編】，2017 年

23) 松岡弘大，仁平達也，伊藤正憲，山田久美：87 年間供用された鉄道高架橋スラブの劣化因子分析，コンクリート工学年次論文集，Vol.37, No.2, pp.1351-1355, 2015 年

24) 土橋亮太，金島篤希，小林史，堂内悠吾，仁平達也：RC ラーメン高架橋の中間スラブのかぶり測定法の検討，電気学会論文集 D（産業応用部門誌），No.141, Vol.3, p.223-228, 2021 年

25) 堀松和夫：鉄道橋梁下部構造物の運動性状について，土木学会論文集 58 号・別冊, 1958 年

26) 西村昭彦：橋脚等振動沈下試験の新手法，構造物設計資料，No.89, 1987 年 3 月

27) 財団法人鉄道総合技術研究所編：鉄道構造物等維持管理標準・同解説（基礎構造物・抗土圧構造物），2007 年

28) 西村昭彦，羽矢洋：橋梁基礎の健全度判定法と判定例，第 21 回地震工学研究発表会，土木学会，1991 年

29) 横井勇，峯岸邦行，羽矢洋：無線速度センサを用いた橋梁下部工の健全度診断，基礎工，Vol.33, No.9, pp.36-39, 2005 年

30) 羽矢洋，篠田昌弘，村田成二：河床が低下した鉄道河川橋梁下部構造物の健全度診断，土木学会論文集 A, 65 巻 2 号, pp.395-409, 2009 年

31) 財団法人鉄道総合技術研究所編：鉄道構造物等設計標準・同解説（基礎構造物・抗土圧構造物）SI 単位版，2000 年

32) 海野隆哉，西村昭彦，青木一二三，他：基礎の地盤係数(1)構造物設計資料 60, 日本国有鉄道，構造物設計事務所, 1979 年 12 月

33) 海野隆哉，西村昭彦，青木一二三，他：基礎の地盤係数(2)構造物設計資料 64, 日本国有鉄道，構造物設計事務所, 1980 年 12 月

34) 海野隆哉，西村昭彦，青木一二三，他：基礎の地盤係数(3)構造物設計資料 80, 日本国有鉄道，構造物設計事務所, 1984 年 12 月

35) 羽矢洋，逸見研二，岩村里美：橋梁下部構造物等の固有値解析における地盤ばねに関する考察，土木学会平成 22 年度全国大会，2010 年 9 月

36) 羽矢洋，稲葉智明：衝撃振動試験における新しい評価基準値，鉄道総研報告 16(9), pp.35-40, 2002 年 9 月

第 8 章　おわりに

8.1　提言

　1〜7 章までを踏まえて，複合構造物の構造検査と性能評価の高度化に向けた提言を以下に列挙する．

✓　複合構造では点検と評価に関するデータや知見が不足している．点検においてばらつきのある数値が得られた場合に，どのように扱っていくかは今後の課題でもある．現状では幅を持った数値データ（最小値と最大値）を使って解析を実施し，幅を持った結果に対して対策を議論すると良い．

✓　構造性能を評価する際に，例えば調査結果にばらつきや不確定要因がある場合には，工学的判断は解析担当者に委ねられる．複合構造を対象とした場合には，一般的な RC 構造と同じように考えるのではなく，点検担当者へのヒアリングや説明を受けることが重要である．その際に，用語の定義や数値の呼び分けを明確にしておくと会話がスムーズになる．

✓　構造物の状態と性能を知るためには，各限界状態に至るまでの途中プロセスも表せる非線形解析（e.g. FEM）が有用である．本委員会で対象とした SRC はり試験体のケースでは，構造物に作用した荷重や構造物に生じた損傷を推定するためには，外観のひび割れ状態を頼りにすることが有用であった．

✓　解析でひび割れ状態を再現するために，鋼材のみならずコンクリートの物性値，および鋼とコンクリートの付着モデルを適切に設定する必要がある．耐荷力のみを評価する場合とは，必要になるパラメータ（点検項目）が異なる．

✓　複合構造には様々な構造形式があり，鋼とコンクリートの応力伝達，部材の力学挙動，異種部材接合部の挙動，耐荷メカニズムは複雑である．最初に，外観目視などで得られる簡単な情報を使って解析を実施し，主要なパラメータに見当を付けてから，非破壊検査などの詳細調査を行い，再度，解析の精度を上げると良い．

✓　複合構造の断面や力学挙動は複雑であるため，一般的な RC 構造と比較すると，点検および評価のそれぞれに大きなばらつきの要因が考えられる．その場合には，複数の異なる手法（e.g. 各種非破壊試験，微破壊調査，モニタリング，解析モデル）によって点検と評価を行うことにより，不確定性の削減やばらつきの低減を図ると良い．

✓　RC 構造や鋼構造は，構造物として長きに渡り供用されているため，既設構造物の維持管理は，これまでの経験論に基づいた評価法や対策により実施されている．一方，複合構造物は，構造物としての供用期間が RC 構造や鋼構造に比べて短く，十分な経験論も有していない状況である．それ故，複合構造は，RC 構造や鋼構造のように経験論に立脚した評価を参考にしつつも，点検データを有効に利用した非線形解析による汎用性のある性能評価技術を，基幹評価技術と位置付けることを提案する．

　上記の提案は，ブラインド評価で対象とした SRC はり試験体によって得たものである．経年による鋼材腐食や材料劣化が生じたもの，あるいは異なる部材を対象とした場合には，取り組みが大きく異なる場合もある．一方，今回の一連の取り組みで示した方法論やプロセス自体は他にも共通する部分も多い．今後，様々な条件に対して同様の取り組みを継続し，データ，知見，成果を集めて共有・データベス化し，技術・体系の高度化に繋げることが望まれる．

（執筆者：内藤英樹，渡辺忠朋）

8.2 今後の課題と展望

8.2.1 構造検査に向けて

構造物の管理とは，構造物の目的・機能を一定の水準で維持することであり，本委員会での検討は，すべてこの行為に帰着する．

構造物の管理における構造物の性能の評価や判定を，一般式として表せば，次式となる．

$$_tK = 1.0 - \gamma_i \, _tS_e / \, _tR_e \tag{8.2.1}$$

ここに，$_tK$：評価値（余裕度）

$_tS_e$：評価用応答値

$_tR_e$：評価用限界値

γ_i：構造物係数

評価や判定に用いる値は，一般には応答値と限界値または許容値であり，これらの値は，構造物が供用されているので，すべての作用の履歴の影響を常に受けたものである．

本委員会では，構造物の性能の評価法として，解析技術に大きな期待を寄せて検討して来たが，ここでの検討は，その妥当性や将来性に確信を持つべく環境作用の履歴を受けていない SRC 構造を対象として実施し，その妥当性や将来性に確信を得ることができた．

既設構造物への展開を確かなものとするためには，環境作用や荷重作用の履歴の影響を推定し解析結果へ反映させることが課題となる．この課題に対しては，すでに先進的な取り組みも実施されており，検討の蓄積によって達成されるものと想定され，今後の検討が待たれる．これらの検討によって，点検という情報収集行為で必要とされる情報が明確になり，その取得方法として調査技術の見直しや技術開発も喚起されると考えられる．

一方で，ここで用いる指標が，簡易であるほど構造物の管理は，合理的となる．ここに，本委員会の名称で「構造検査」という用語を用いた真意がある．

先に述べたように，構造物の管理とは，構造物の目的・機能を一定の水準で維持することであり，実際には，そのために要求された性能の程度を表す指標が必要となる．

示方書などでは，表 8.2.1 に示すように，使用性に関しては，計測値によって，性能の程度を評価できることを示しており，その限界値を具体的に設定すればよいことになる．

表 8.2.1 構造物の要求性能 [1)]

[文献 1) 土木学会：2014 年制定複合構造標準示方書　維持管理編　解説　表 2.2.1, p.6, 2015 年 5 月]

要求性能	性能項目	限界状態	照査指標の例	考慮する作用
安全性	耐荷性	構造物の破壊	断面力, 応力度	すべての作用（最大値）, 繰返し作用
	安定性	安定の限界・崩壊（変位変形・メカニズム）	変形, 基礎構造による変形	すべての作用（最大値）, 偶発作用
	機能上の安全性	走行性の限界	加速度, 振動, 変形	すべての作用（最大値）, 偶発作用
		第三者影響度の限界	コンクリートのはく落（中性化深さ, 塩化物イオン）	環境作用
使用性	快適性	走行性・歩行性の限界	加速度, 振動, 変形	比較的しばしば生じる大きさの作用
		外観の阻害	ひび割れ幅, 応力度	比較的しばしば生じる大きさの作用
		騒音・振動の限界	騒音・振動レベル	比較的しばしば生じる大きさの作用
	機能性	水密性の限界	構造体の透水量	比較的しばしば生じる大きさの作用
		気密性の限界	構造体の透気量, ひび割れ幅	比較的しばしば生じる大きさの作用
		遮蔽性の限界	物質・エネルギーの漏洩量	比較的しばしば生じる大きさの作用
		損傷（機能維持）	変形, ひずみ, 応力度	変動作用等
復旧性	修復性	損傷	変形, ひずみ, 応力度	変動作用, 偶発作用, 環境作用

　指標は，性能の程度を直接的に表し，かつ，論理的に現象との関係を説明できるものが理想であるが，一方で，現象との関係を説明できれば性能の程度を間接的に表す指標を用いることも意味がある．

　とくに，安全性の性能項目である耐荷性に対しては，現状では数値解析などによることになる．将来的には，その蓄積によって，外観損傷状態などの情報が耐荷性の性能の評価指標となり，構造物の性能を評価することが可能となり，より簡易で精度を有する「構造検査」として体系化されることも期待される．また，評価の指標は，種々の検査結果の集積などでもよいはずである．

　さて，設備や施設などの機能・目的の維持は，この国では，分野によっては当たり前に実施されてきている．土木の分野でも事業体によっては，鉄道事業のように 100 年以上の歴史を有しているシステムもある．

　ところが，土木学会や一部の事業分野では，構造物の管理が，あたかも新たな課題であるかのように扱い，問題提起している識者らがいる．彼らの問題提起は，これまで構造物の管理を怠ってきたことの反省や危機感の表れと思いたい．そうであれば，先人らから見れば，彼らの提起している問題はすでに通り過ぎ解決された過去の問題なのは自明であることから，あたかも新しい問題として提起し，高貴な識者を演じてガラパゴスの道を進む前に，先人らに学び，人知れず早急に解決策を提示するのが謙虚な技術者の姿であろう．

　我々は，そのような識者らに惑わされることなく，真理に向かって研究技術開発を進めるのが肝要である．

（執筆者：渡辺忠朋）

8.2.2 時間軸上の様々な作用に対する構造性能評価

　構造物に対する作用を主に荷重作用と環境作用に分けるとすると，本報告書で扱っているのは荷重作用のみで，なかでも単調載荷のみであり，表 8.2.1 に示すものの一部である．現実の構造物は，様々な荷重作用

と環境作用を受けて供用されており，実際に現有構造性能評価を行うべき構造物が時間軸上で受けてきた様々な作用の履歴は単純ではない．そうした構造物が示す状態と損傷はより多岐にわたり，様々な点検と解析の技術が研究開発されてきている．

　本報告書では，構造性能評価における点検と解析の技術と体系に，より確かな根拠を求めるスタンスで取り組んできた．このスタンスは，本報告書の範囲を超えるが，時間軸上の様々な作用に対する構造性能評価においても適用すべきものと考えている．むしろ多岐にわたるがゆえに，単純なスタンスによる見通しで対処することが必要ではないだろうか．

　1.4 節で述べた通り，点検にはシーズ駆動的に多種多様な技術が開発投入され，現在では AI やロボティクスによる高度化の試みも顕著である．これらは従来得られていた情報を，より効率的に，さらには高密度・高頻度に得られることになるであろう．時には従来見えずに得られていなかった情報を得られる技術の登場もある．

　だがこうした高度化は必ずしも構造物の確度の高い性能評価に直接繋がる行為とは限らない．点検の効率化の側面はもちろんあり，構造物の症状をより精密・頻繁に確かめられる利点はあるものの，爆発的な情報量の増大が確度の高い性能評価に繋がるかに注意する必要がある．

　また，耐久性・耐荷性の解析技術にはより多くの入力・設定の変数が必要となってきている．性能評価のための入力情報はどれも平等に精密に得るべきであろうか．そして，新技術で見えるようになるとすると何が見えるといいのだろうか．これらは本報告書で発してきた問いである．

　点検で得られた値，解析に入力する値，これらの「確かさ」と「感度」は一定ではない（**図 8.2.1**）．これらを呼び分ける必要があり，高度な技術者は既にこれらを頭に入れて評価を行っているが，呼び分けにまでは至っていないと思われる．呼び分けと「確かさ」と「感度」が確かになるならば注力すべき変数が明らかになるものと考えられる．

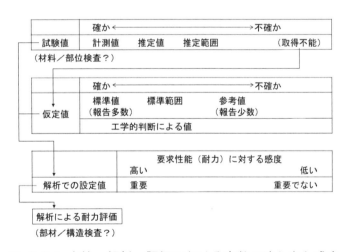

図 8.2.1　点検，解析，評価における変数の確かさと感度

　ある病気の診断に人体全面のスキャンが必要でないように，時間軸上の様々な作用に対する構造物の性能評価においても膨大な情報が必要なわけではない．根拠に基づく技術と体系への進展が望まれる．

（執筆者：松本高志）

8.2.3 根拠に基づいた対策

本報告書では，構造性能評価の技術と体系に，より確かな根拠を求めるスタンスで取り組んだ成果を報告するものである．複合構造標準示方書（**図 8.2.2**）によると，性能評価において，現有性能評価，変状原因の推定，性能予測を実施した後には，評価結果に基づく管理として，対策の要否判定，維持管理計画の見直しが行われる．そして対策が必要と判定された場合には，点検強化，補修・補強，供用制限，廃棄・更新のいずれかが行われる．多くの場合は延命化のために補修・補強が実施されることになる．そしてそのための補修・補強工法の種類は実に多数にして多様であり，当該構造物の履歴・供用条件に応じて選択・適用されて，効果を発揮していることになる．

しかしながら，対策，中でも補修・補強は，点検・評価と比べてより混迷度の深い状況であるように思われる．多くの場合に，補修・補強はその効果を発揮していることは疑いないが，効果が低い・短いなどとして，補修・補強の繰り返しが求められる場合もなくはない．問題なのは，様々な技術シーズが登場して分野が発展途上であることではなくて，その技術シーズの効果を検証して，確かな根拠を有しないのであれば淘

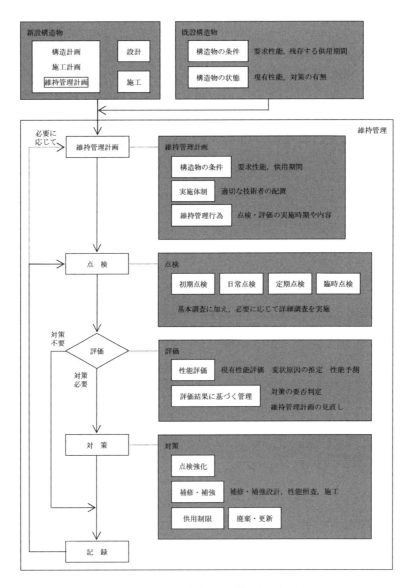

[文献 2）土木学会：2014 年制定複合構造標準示方書　維持管理編　解説　図 2.4.1, p. 11, 2015 年 5 月]

図 8.2.2 維持管理の方法 [2]

汰される仕組みがないことではないだろうか．

　1.4 節に述べた通り，医療における罹患，検査，診断，治療の臨床結果や生存確率などは，統計学・疫学的評価で検証される．ワクチンは発症予防効果でその有効性を測られ，がんは部位，患者属性，手術法，治療法などで 5 年・10 年生存率が測られている．また疫学の始まりは 19 世紀に遡るという．

　医療と維持管理は同じではないものの，学ぶべき点は多い．構造物に置き換えると，「性能を確保」するための「設計」「施工」「維持管理」「予防」「点検」「評価」「補修・補強」が必要であり，より高いレベルのエビデンスがそれぞれに求められている．いずれにおいても，経験やストーリーに基づく実施を根拠の弱いものとし，より強固な統計に基づく実施を根拠のより強いものとして，企画・実行・確認していくものである．

　本報告書では，「点検」と「評価」を対象とした．維持管理において重要である「対策」はここでは対象とはしなかったが，「性能を確保する」ために「対策」にも従来より高いエビデンスが必要とされているのは明らかである．「対策」こそ実施例も膨大に多いはずであり，統計的・定量的な評価がふさわしい．根拠に基づいた「対策」の実現への歩みが進むことを望む．

（執筆者：松本高志）

参考文献

1)　土木学会：2014 年制定複合構造標準示方書　維持管理編　解説　表 2.2.1, p.6, 2015 年 5 月
2)　土木学会：2014 年制定複合構造標準示方書　維持管理編　解説　図 2.4.1, p.11, 2015 年 5 月

エピローグ

点検が目的か？目的は検査である！

昨今，構造物の維持管理の重要性から点検，評価，診断，検査などの用語について，種々の機関により異なる取り扱いがなされ混乱を招いている．

一方，設備などでの点検・検査の取り扱いの一例として自動車に関する扱いを，以下に示す．

自動車の検査：国が一定期間ごとにチェックするもので，検査時において安全・環境基準に適合しているかどうかを確認しているもの．

自動車の点検・整備：自動車の保守管理責任はユーザー自身にある（自己管理責任）ことから，自動車ユーザー（自動車ユーザーが依頼した整備工場などを含む）が必要な時に点検し，その結果に基づき必要な整備をすること．

このように各機関や他分野での取り扱いも含めると，用語の取り扱いは多様である．しかし，用語の取り扱いによって，行われる維持管理の作業の段階と，必要とされる技術の質やレベルも異なるため，本来は重要なものである．

なお，点検と検査を区分した扱いを長きに渡り実施してきている機関や分野が存在していることや，点検は，総じて構造物の状態を調べる行為として，検査，性能の評価や判定と区別している機関が多い事実を踏まえて，ガラパゴスへの道を進まぬように用語の定義を再考してはいかがか？

それに気が付かない時点で，すでにガラパゴス化しているのだが．

（執筆者：渡辺忠朋）

土木学会　複合構造委員会の本

複合構造標準示方書

書名	発行年月	版型:頁数	本体価格
2009年制定 複合構造標準示方書	平成21年12月	A4:558	
2014年制定 複合構造標準示方書 原則編・設計編 〈オンデマンド販売中〉	平成27年5月	A4:791	
※ 2014年制定 複合構造標準示方書 原則編・施工編	平成27年5月	A4:216	3,500
※ 2014年制定 複合構造標準示方書 原則編・維持管理編	平成27年5月	A4:213	3,200

複合構造シリーズ

号数	書名	発行年月	版型:頁数	本体価格
01	複合構造物の性能照査例 －複合構造物の性能照査指針(案)に基づく－	平成18年1月	A4:382	
02	Guidelines for Performance Verification of Steel-Concrete Hybrid Structures (英文版 複合構造物の性能照査指針(案) 構造工学シリーズ11)	平成18年3月	A4:172	
03	複合構造技術の最先端 －その方法と土木分野への適用－	平成19年7月	A4:137	
04	FRP歩道橋設計・施工指針(案)	平成23年1月	A4:241	
05	基礎からわかる複合構造－理論と設計－	平成24年3月	A4:116	
06	FRP水門設計・施工指針(案)	平成26年2月	A4:216	
07	鋼コンクリート合成床版設計・施工指針(案)	平成28年1月	A4:314	
※ 08	基礎からわかる複合構造－理論と設計－(2017年版)	平成29年12月	A4:140	2,500
※ 09	FRP接着による構造物の補修・補強指針(案)	平成30年7月	A4:310	3,500

複合構造レポート

号数	書名	発行年月	版型:頁数	本体価格
01	先進複合材料の社会基盤施設への適用	平成19年2月	A4:195	
02	最新複合構造の現状と分析－性能照査型設計法に向けて－	平成20年7月	A4:252	
03	各種材料の特性と新しい複合構造の性能評価－マーケティング手法を用いた工法分析－	平成20年7月	A4:142 +CD-ROM	
04	事例に基づく複合構造の維持管理技術の現状評価	平成22年5月	A4:186	
05	FRP接着による鋼構造物の補修・補強技術の最先端	平成24年6月	A4:254	
06	樹脂材料による複合技術の最先端	平成24年6月	A4:269	
07	複合構造物を対象とした防水・排水技術の現状	平成25年7月	A4:196	
08	巨大地震に対する複合構造物の課題と可能性	平成25年7月	A4:160	
※ 09	FRP部材の接合および鋼とFRPの接着接合に関する先端技術	平成25年11月	A4:298	3,600
10	複合構造ずれ止めの抵抗機構の解明への挑戦	平成26年8月	A4:232	
11	土木構造用FRP部材の設計基礎データ	平成26年11月	A4:225	
※ 12	FRPによるコンクリート構造の補強設計の現状と課題	平成26年11月	A4:182	2,600
※ 13	構造物の更新・改築技術 －プロセスの紐解き－	平成29年7月	A4:258	3,500
※ 14	複合構造物の耐荷メカニズム－多様性の創造－	平成29年12月	A4:300	3,500
※ 15	複合構造物の防水・排水技術－水の侵入形態と対策－	令和2年3月	A4:155	2,200
※ 16	コンクリート充填鋼管適用技術の現状と最先端	令和3年1月	A4:308	3,500
※ 17	連続合成桁橋における床版取替え技術の現状と展開	令和3年9月	A4:268	3,000
※ 18	根拠に基づく構造性能評価のための点検・解析の技術体系を目指して －点検を目的とした維持管理へ導かれた技術者へのメッセージ－	令和4年3月	A4:208	2,300

※は、土木学会および丸善出版にて販売中です。価格には別途消費税が加算されます。

定価 2,530 円（本体 2,300 円＋税 10%）

複合構造レポート 18
根拠に基づく構造性能評価のための点検・解析の技術体系を目指して
－点検を目的とした維持管理へ導かれた技術者へのメッセージ－

令和 4 年 3 月 16 日　第 1 版・第 1 刷発行

編集者……公益社団法人　土木学会　複合構造委員会
　　　　　　複合構造物の構造検査と性能評価に関する研究小委員会
　　　　　　委員長　渡辺　忠朋
発行者……公益社団法人　土木学会　専務理事　塚田　幸広

発行所……公益社団法人　土木学会
　　　　　　〒160-0004　東京都新宿区四谷 1 丁目（外濠公園内）
　　　　　　TEL　03-3355-3444　FAX　03-5379-2769
　　　　　　http://www.jsce.or.jp/
発売所……丸善出版株式会社
　　　　　　〒101-0051　東京都千代田区神田神保町 2-17　神田神保町ビル
　　　　　　TEL　03-3512-3256　FAX　03-3512-3270

©JSCE2022／Committee on Hybrid Structures
ISBN978-4-8106-1028-4
印刷・製本：（株）平文社　用紙：京橋紙業（株）